江苏省文化产业引导资金文化艺术精品项目
江苏省“十三五”重点图书出版规划项目

印度伊斯兰时期城市与建筑

汪永平 王杰忞 沈丹 编著

Indian City and Architecture During the Islamic Period

Himalayan Series of Urban and Architectural Culture

行走在喜马拉雅的云水间

序

2015 年正值南京工业大学建筑学院（原南京建筑工程学院建筑系）成立三十周年，我作为学院的创始人，在 10 月举办的办学三十周年庆典和学术报告会上，汇报了自己和团队自 1999 年以来走进西藏、2011 年走进印度，围绕喜马拉雅山脉 17 年以来所做的研究。研究成果的体现，便是这套“喜马拉雅城市与建筑文化遗产丛书”问世。

出版这套丛书（第一辑 15 册）是笔者和学生们多年的宿愿。17 年来我们未曾间断，前后百余人，30 多次进入西藏调研，7 次进入印度，3 次进入尼泊尔，在喜马拉雅山脉相连的青藏高原、克什米尔谷地、拉达克列城、加德满都谷地都留下了考察的足迹。研究的内容和范围涉及城市和村落、文化景观、宗教建筑、传统民居、建筑材料与技术等与文化遗产相关的领域，完成了 50 篇硕士学位论文和 4 篇博士学位论文，填补了国内在喜马拉雅文化遗产保护研究上的空白，并将藏学研究和喜马拉雅学的研究结合起来。研究揭示了喜马拉雅山脉不仅是我们这一星球上的世界第三极，具有地理坐标和地质学的重要意义，而且在人类的文明发展史和文化史上具有同样重要的价值。

喜马拉雅山脉东西长 2 500 公里，南北纵深 300~400 公里，西北在兴都库什山脉和喀喇昆仑山脉交界，东至南迦巴瓦峰雅鲁藏布大拐弯处。在喜马拉雅山脉的南部，位于南亚次大陆的印度主要由三个地理区域组成：北部喜马拉雅山区的高山区、中部的恒河平原以及南部的德干高原。这三个区域也就成为印度文明的大致分野，早期有许多重要的文明发迹于此。中国学者对此有着准确的描述，唐代著名学者道宣（596—667）在《释迦方志》中指出：“雪山以南名为中国，坦然平正，冬夏和调，卉木常荣，流霜不降。”其中“雪山”指的便是喜马拉雅山脉，“中国”指的是“中天竺国”，即印度的母亲河恒河中游地区。

季羡林先生把古代世界文化体系分为中国、印度、希腊和伊斯兰四大文化，喜马拉雅地区汇聚了世界上四大文化的精华。自古以来，喜马拉雅不仅是多民族的地区，也是多宗教的地区，包括了苯教、印度教、佛教、耆那教、伊斯兰教以及锡克教、拜火教。起源于印度的佛教如今在印度的影响力已经不大，但佛教通过传播对印度周边的国家产生了相当大的影响。在中国直接受到的外来文化的影响中，最明显的莫过于以佛教为媒介的印度文化和希腊化的犍陀罗文化。对于这些文化，如不跨越国界加以宏观、大系统考察，即无从正确认识。所以研究喜马拉雅文化是中国东方文化研究达到一定阶段时必然提出的问题。

从东晋时法显游历印度并著书《佛国记》开始，中国人对印度的研究有着清晰的历史脉络，并且世代传承。唐代玄奘求学印度并著书《大唐西域记》；义净著书《大唐西域求法高僧传》和《南海寄归内法传》；明代郑和下西洋，其随从著书《瀛涯胜览》《星槎胜览》《西洋番国志》，对于当时印度国家与城市都有详细真实的描述。进入20世纪后，中国人继续研究印度。蔡元培在北京大学任校长期间，曾设“印度哲学课”。胡适任校长后，又增设东方语言文学系，最早设立梵文、巴利文专业（50年代又增加印度斯坦语），由季羡林和金克木执教。除了季羡林和金克木，汤用彤也是印度哲学研究的专家。这些学者对《法显传》《大唐西域记》《大唐西域求法高僧传》和《南海寄归内法传》进行校注出版，加入了近代学者科学考察和研究的新内容，在印度哲学、文学、语言文化、历史、地理等领域多有建树。在中国，研究印度建筑的倡始者是著名建筑学家刘敦桢先生，他曾于1959年初率我国文化代表团访问印度，参观了阿旃陀石窟寺等多处佛教遗址。回国后当年招收印度建筑史研究生一人，并亲自讲授印度建筑史课，这在国内还是独一无二的创举。1963年刘敦桢先生66岁，除了完成《中国古代建筑史》书稿的修改，还指导研究生对印度古代建筑进行研究并系统授课，留下了授课笔记和讲稿，并在《刘敦桢文集》中留下《访问印度日记》一文。可惜1962年中印关系恶化，以致影响了向印度派遣留学生的计划，随后不久的“十年动乱”，更使这一研究被搁置起来。由于历史的原因，近代中国印度文化研究的专家、学者难以跨越喜马拉雅障碍进入实地调研，把青藏高原的研究和喜马拉雅的研究结合起来。

意大利著名学者朱塞佩·图齐（1894—1984）是西方对于喜马拉雅地区文化探索的先驱。1925—1930年，他在印度国际大学和加尔各答大学教授意大利语、汉语和藏语；1928—1948年，图齐八次赴藏地考察，他的前五次（1928、1930、1931、1933、1935）藏地考察均从喜马拉雅山脉的西部，今天克什米尔的斯利那加（前三次）、西姆拉（1933）、阿尔莫拉（1935）动身，沿着河流和山谷东行，即古代的中印佛教传播和商旅之路。他首次发现了拉达克森格藏布河（上游在中国境内叫狮泉河，下游在印度和巴基斯坦叫印度河）河谷的阿契寺、斯必提河谷（印度喜马偕尔邦）的塔波寺（西藏藏佛教后弘期重要寺庙，两处寺庙已经列入《世界文化遗产名录》），还考察了托林寺、玛朗寺和科迦寺的建筑与壁画，考察的成果便是《梵天佛地》著作的第一、二、三卷。正是这些著作奠定了图齐研究藏族艺术和藏传佛教史的基础。后三次（1937、1939、1948）的藏地考察是从喜马拉雅中部开始，注意力转向卫藏。1925—1954年，图齐六次调查尼泊尔，拓展了在大喜马拉雅地区的活动，揭开了已湮没的王国和文化的神秘面纱，其中印度和藏地的邂逅是最重要的主题。1955—1978年，他在巴基斯坦北部的喜马拉雅山麓，古代称之为乌仗那的斯瓦特地区开展考古发掘，期间组织了在阿富汗和伊朗的考古发掘。他的一生学术成果斐然，成为公认的最杰出的藏学家。

图齐的研究不仅涉及佛教，在印度、中国、日本的宗教哲学研究方面也颇有建树。他先后出版了《中国古代哲学史》和《印度哲学史》，真正做到“跨越喜马拉雅、扬帆印度洋”，将中印文化的研究结合起来。

终其一生，他的研究都未离开喜马拉雅山脉和区域文化。继图齐之后，国际上对于喜马拉雅的关注，不仅仅局限于旅游、登山和摄影爱好者，研究成果也未囿于藏传佛教，这一地区的原始宗教文化艺术，包括印度教、耆那教、伊斯兰教甚至苯教都得到发掘。笔者手头上就有近几年收集的英文版喜马拉雅艺术、城市与村落、建筑与环境、民俗文化等多种书籍，其中有专家、学者更提出了“喜马拉雅学”的概念。

长期以来，沿着青藏高原和喜马拉雅旅行（借用藏民的形象语言“转山”）时，笔者产生了一个大胆的想法，将未来中印文化研究的结合点和突破口选择在喜马拉雅区域，建立“喜马拉雅学”，以拓展藏学、印度学、中亚学的研究范围和内容，用跨文化的视野来诠释历史事件、宗教文化、艺术源流，实现中印间的文化交流和互补。“喜马拉雅学”包含了众多学科和领域，如：喜马拉雅地域特征——世界第三极；喜马拉雅文化特征——多元性和原创性；喜马拉雅生态特征——多样性等等。

笔者认为喜马拉雅西部，历史上“罽宾国”（今天的克什米尔地区）的文化现象值得借鉴和研究。喜马拉雅西部地区，历史上的象雄和后来的“阿里三围”，是一个多元文化融合地区，也是西藏与希腊化的犍陀罗文化、克什米尔文化交流的窗口。罽宾国是魏晋南北朝时期对克什米尔谷地及其附近地区的称谓，在《大唐西域记》中被称为“迦湿弥罗”，位于喜马拉雅山的西部，四面高山险峻，地形如卵状。在阿育王时期佛教传入克什米尔谷地，随着西南方犍陀罗佛教的兴盛，克什米尔地区的佛教渐渐达到繁盛点。公元前1世纪时，罽宾的佛教已极为兴盛，其重要的标志是迦腻色迦（Kanishka）王在这里举行的第四次结集。4世纪初，罽宾与葱岭东部的贸易和文化交流日趋频繁，谷地的佛教中心地位愈加显著，许多罽宾高僧翻越葱岭，穿过流沙，往东土弘扬佛法。与此同时，西域和中土的沙门也前往罽宾求经学法，如龟兹国高僧佛图澄不止一次前往罽宾学习，中土则有法显、智猛、法勇、玄奘、悟空等僧人到罽宾求法。

如今中印关系改善，且两国官方与民间的经济、文化合作与交流都更加频繁，两国形成互惠互利、共同发展的朋友关系，印度对外开放旅游业，中国人去印度考察调研不再有任何政治阻碍。更可喜的是，近年我国愈加重视“丝绸之路”文化重建与跨文化交流，提出建设“新丝绸之路经济带”和“21 世纪海上丝绸之路”的战略构想。“一带一路”倡议顺应了时代要求和各国加快发展的愿望，提供了一个包容性巨大的发展平台，把快速发展的中国经济同沿线国家的利益结合起来。而位于“一带一路”中的喜马拉雅地区，必将在新的发展机遇中起到中印之间的文化桥梁和经济纽带作用。

最后以一首小诗作为前言的结束：

我们为什么要去喜马拉雅？
因为山就在那里。
我们为什么要去印度？
因为那里是玄奘去过的地方，
那里有玄奘引以为荣耀的佛教大学
——那烂陀。

行走在喜马拉雅的云水间，
不再是我们的梦想。
边走边看，边看边想；
不识雪山真面目，只缘行在此山中。

经历是人生的一种幸福，
事业成就自己的理想。
慧眼看世界，视野更加宽广。
喜马拉雅，
不再是阻隔中印文化的障碍，
她是一带一路的桥梁。

在本套丛书即将出版之际，首先感谢多年来跟随笔者不辞辛苦进入青藏高原和喜马拉雅区域做调研的本科生和研究生；感谢国家自然科学基金委的立项资助；感谢西藏自治区地方政府的支持，尤其是文物部门与我们的长期业务合作；感谢江苏省文化产业引导资金的立项资助。最后向东南大学出版社戴丽副社长和魏晓平编辑致以个人的谢意和敬意，正是她们长期的不懈坚持和精心编校使得本书能够以一个充满文化气息的新面目和跨文化的新内容出现在读者面前。

主编汪永平

2016 年 4 月 14 日形成于乌兹别克斯坦首都塔什干 Sunrise Caravan Stay 一家小旅馆庭院的树荫下，正值对撒马尔罕古城、沙赫里萨布兹古城、布哈拉、希瓦（中亚四处重要世界文化遗产）考察归来。修改于 2016 年 7 月 13 日南京家中。

目　录
CONTENTS

第一章 绪论

印度（India），全称为印度共和国，首都坐落于新德里（New Delhi），是南亚次大陆上最大的国家，我国古代文献称其为“羌独”“天竺”“身毒”“贤豆”等，后由玄奘实地考察之后在《大唐西域记》中开始改称为“印度”。印度国土面积约 298 万平方公里（实际控制面积），居世界第七，人口达 12.48 亿（2014），是世界第二的人口大国，民族和种族众多。印度东北部与尼泊尔、中国、不丹交界，孟加拉国被夹在印度东北部地区之间。印度东部与缅甸交界，南部隔着大海与马尔代夫以及斯里兰卡相望，西北部与巴基斯坦（Pakistan）为邻。全国海岸线总长度 5 500 多公里，东临孟加拉湾（Bay of Bengal），西靠阿拉伯海（Arabian Sea，图 1–1）。

古代印度是四大文明古国之一，其名称是对印度次大陆的统称，其地域范围包括今日的印度共和国、巴基斯坦、孟加拉国、尼泊尔、不丹、锡兰（今斯里兰卡）、马尔代夫七国及缅甸的一小部分在内的国土范围。印度人前后相继地创造了灿烂的印度文明，留下了精彩多样的历史文化遗产，对亚洲大部分地区产生了比较深远的影响，同时也在东西方之间历史、文化的交流中起到了不可磨灭的作用。

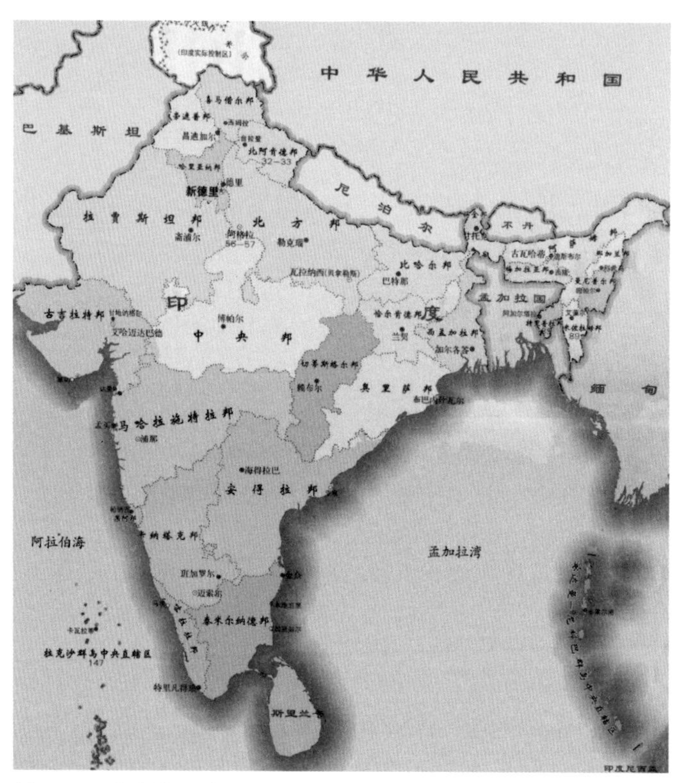

图 1–1　印度地理范围图

第一节 概述

1. 历史沿革

早在公元前2800—前2600年，印度河流域的文明就出现了（图1-2）。印度河流域横跨现在的印度—巴基斯坦边界，是印度次大陆文明的摇篮。在现巴基斯坦境内涌现了印度历史上第一个原始文明——哈拉帕文明。哈拉帕文明时期产生的两座都邑哈拉帕（Harappa）和摩亨佐·达罗（Mohenjo-Daro），有着精心的布局设计，供水和排水系统都是当时世界上最为先进的，农业、畜牧业和手工业已经出现，运输工具亦被发明，人们崇拜着与生殖创造有关的男神、女神们。公元前1500—前500年是印度历史上的吠陀时期（Vedic Period）。这一时期，中亚地区雅利安人族群在入侵的同时也带来了梵文和《吠陀经》[1]，把宗教与文化通过口口相传的方式记录、传承了下来，这成为印度教的根源所在。开始的几个世纪里，雅利安人定居于印度河流域的上游，靠游牧为生。公元1000年左右，他们开始向喜马拉雅山脚下及恒河流域迁徙并定居下来。随着铁器的出现、农牧业的发展及人口的增加，雅利安人在恒河流域建立了部分小型城市和以库鲁王国（Kuru Kingdom）为首的四个古老的王国（图1-3）。与此同时，社会等级制度开始出现，印度的种姓制度也渐渐萌芽，最终形成了由婆罗门（祭祀和学者）、刹帝利（武士和官员）、吠舍（商人）、首陀罗（劳动者）四种主

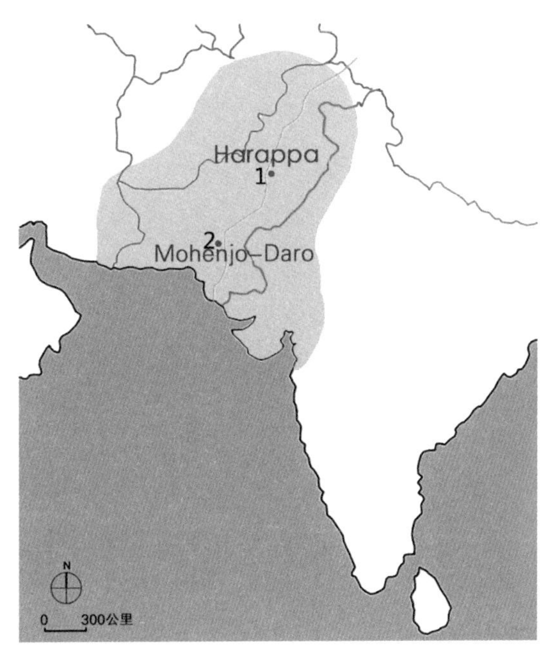

图1-2 印度河流域文明
1哈拉帕；2摩亨佐·达罗

1 《吠陀经》是雅利安人创造的赞美诗、歌曲、仪式和祷文的作品。

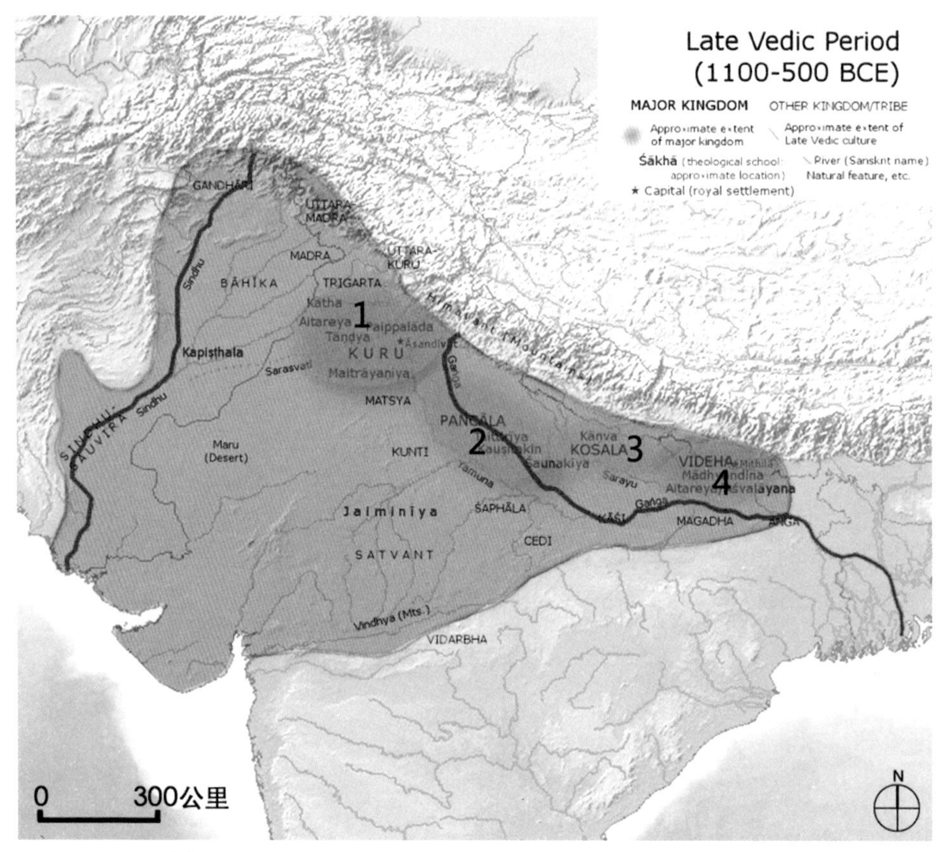

图 1-3 吠陀时期控制范围
1 库鲁王国；2 潘查拉王国；3 寇萨拉王国；4 韦德哈王国

要的瓦尔纳[1]（Varna）组成的极为森严的等级制。

公元前 327 年，来自马其顿的亚历山大大帝推翻了波斯帝国，并不断东征至印度的西北部地区，然而他只停留了短暂的两年时间便决定迅速撤兵，这一事件使得印度西北部出现了短暂的政治真空期。公元前 321 年，月护王旃陀罗笈多·孔雀在推翻摩羯陀王朝、平定中原之后攻回西北部地区，建立孔雀王朝（Maurya Dynasty），定都恒河中游的华氏城（Pataliputra，图 1-4）。旃陀罗笈多·孔雀的孙子阿育王将孔雀王朝推向了顶峰，在征服羯陵伽（Kalinga）之后几乎统治了整个印度次大陆（除了最南端的地区）。在其统治期间，佛教得到长足的发展，出现了大量的佛教建筑。公元前 185 年，阿育王死后 50 年左右，孔雀王朝灭亡，

1 瓦尔纳，是雅利安人用来表示社会等级的术语。

此后印度次大陆又回到一片混乱之中。

公元320年，旃陀罗·笈多（与前述月护王旃陀罗笈多·孔雀无关）在恒河流域建立了新的帝国——笈多王朝(Gupta Empire)，仍旧以华氏城为首都(图1-5)。笈多王朝时期在印度历史上被史学家称为黄金时代，不仅在政治上用封建制度取代了奴隶制度，执行中央集权制，还在经济、农业和手工业层面都有了较大的发展，促进了与周边国家的贸易往来。在以印度教为主导的大背景之下，佛教和耆那教同样得到盛行，不同宗教都有着充裕的发展空间。科学、建筑、艺术、天文学、哲学等在这一时期也取得很高的成就，整个国家呈现出欣欣向荣的景象。5世纪末，来自中亚的匈奴人给印度带来了沉重的军事打击，笈多王朝走向灭亡，印度北部呈现出多个小国林立的局面。直到7世纪初戒日王崛起，印度才渐趋统一。在这之后至莫卧儿帝国（Mughal Empire）于16世纪建立之前，印度的土地上再也没有出现如孔雀王朝与笈多王朝这般强大的帝国。

7世纪末，伊斯兰教随着穆斯林商人船队传入了印度的喀拉拉邦（Kerala），穆斯林信仰在此生根发芽。711年，印度河下游的信德地区被穆斯林强大的军队征服，从此印度开始进入中世纪时期。12世纪末期，马哈茂德（Mahmud）的后

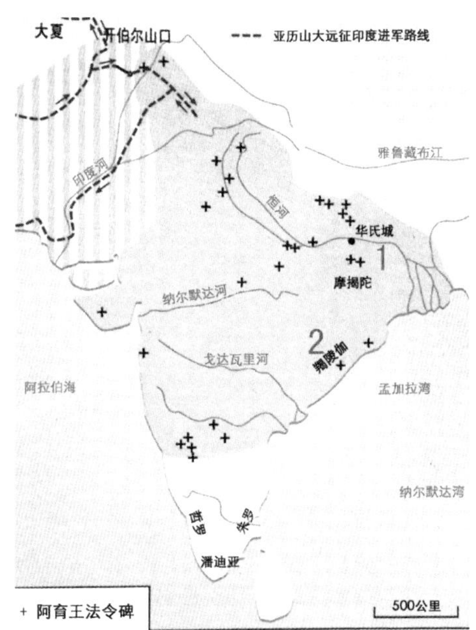

图1-4 孔雀王朝控制范围
1 华氏城；2 羯陵伽王国

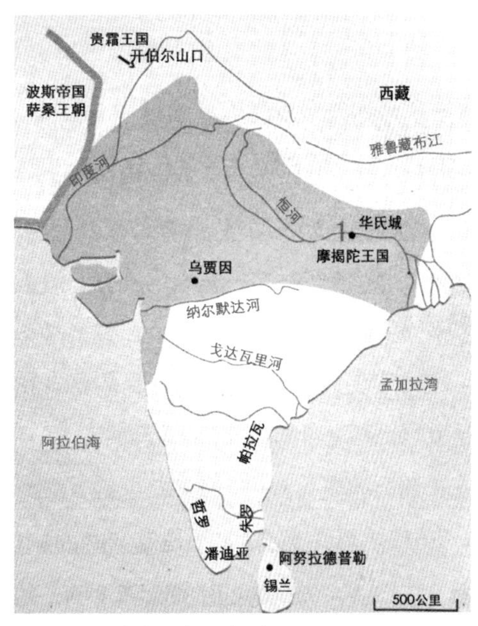

图1-5 笈多王朝控制范围
1 华氏城

裔们对印度北部进行了长期而系统的军事征伐，使印度北部地区长期处于穆斯林的统治之下。1206 年，古尔王国的穆罕默德（Muhammad）在印度河畔遇刺身亡，库特卜·乌德·丁·艾巴克（Qutb-ud-din Aibak）即位掌权并在德里建立德里苏丹国（Delhi Sultanate），正式成为北印度的独立君主，开启了印度的伊斯兰统治时期。1526 年，德里的苏丹王朝在巴布尔（Babur）的进攻之下屈服，帖木儿（Timur）的后人坐上德里的王位，在印度开创了莫卧儿帝国。此后，印度这片南亚次大陆保持了两个世纪的统一，印度的社会、经济、政治得到稳健的发展，绘画和建筑艺术也在皇室的支持下得到保护与发扬。与此同时，伊斯兰的文化渗透进印度社会的方方面面，与当地的文化传统有了更好的交融。

15 世纪末—17 世纪初，葡萄牙人、英国人、法国人先后在印度建立东印度公司，从事商业活动。1707 年莫卧儿帝国最后一代君主奥朗则布（Aurangzeb）去世后，印度的东印度公司捉住机遇，扩大了贸易据点，于 18 世纪中叶开始对印度的征伐，其中普拉西战役拉开了印度半岛沦为英殖民地的序幕。1857 年，孟加拉的印度士兵爆发了民族起义，虽然以失败告终，但间接地导致了东印度公司的结束。而后，英国政府代替东印度公司，在印度开始了直接管辖的时代。

20 世纪初期，印度渐渐觉醒的民族主义威胁到大英帝国对于印度的控制。成立于 1885 年、有众多知名印度教和伊斯兰教教徒支持的印度国民大会是其中最有影响力的组织，公开反对英国的统治。1915 年甘地成为该团体的领袖，并把组织向人民大众中间传播开去。在他的领导下，分别于 1920 年和 1930 年开展了两次非暴力不合作运动，最终促使英国政府通过了《印度法案》并于 1937 年生效。1947 年通过的《蒙巴顿方案》宣告印度与巴基斯坦相继独立，大英帝国在印度的殖民统治正式结束。1949 年 11 月，印度共和国的宪法生效，次年 1 月，印度共和国成立。

2. 自然环境

印度国土面积为 298 万平方公里，是亚洲仅次于中国的第二大国家，也是南亚次大陆的主要组成部分，它用世界上 2.5% 的土地养活了 18% 的世界人口。印度国土像一个巨大的三角形，北以世界屋脊——喜马拉雅山脉为界线，南到科摩林角（Cape Comorin，印度地理上的最南端），西到阿拉伯海，东到孟加拉湾。三面环海的地理特点使印度成为一个相对独立的地理单位。印度大致可以分成南部半岛区、中央平原区以及北部喜马拉雅山区三个地理区域（图 1-6）。

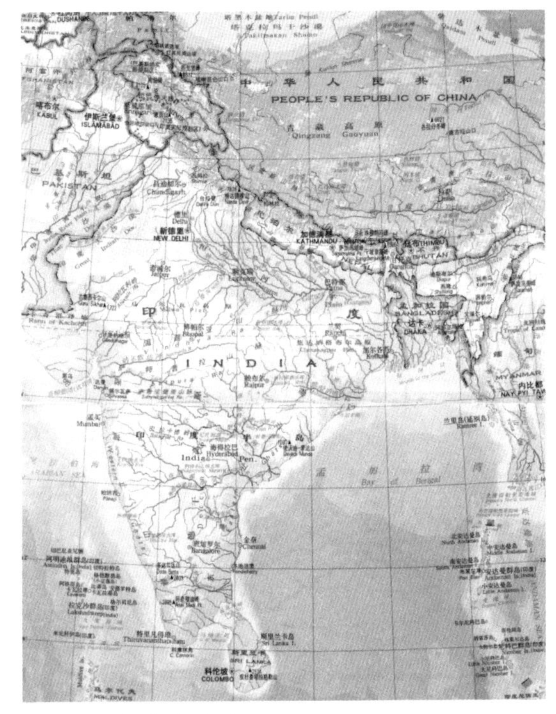

图 1-6　印度地形图

喜马拉雅山脉（Himalayas）和德干高原（Deccan Plateau）之间是延绵不绝而广阔的平原地区，包括恒河平原和印度河平原，其地势异常平坦。发源于喜马拉雅山脉的恒河（Ganga）、印度河（Indus River）流经这片区域，最终汇入孟加拉湾和阿拉伯海。巍峨的喜马拉雅山阻挡了北部的严寒，因此这片区域的大部分地区常年较为温暖。

印度河—恒河平原地区与德干高原之间绵亘着一条东西向的山脉——温迪亚山脉（Vindhya Range），这条山脉将印度划分成南北两个不同的区域。温迪亚山脉难以翻越，因而成为历史上南北交流的巨大障碍，使得印度南部与北部区域在人种、语言、风土人情上都有较大程度的不同。

温迪亚山脉以及讷尔默达河（Narmada River）以南的地区是印度半岛（India Pen），除了西海岸地区外，整个印度半岛都呈西高东低的地势，所以河流都在东海岸汇入大海。在印度地形三角形的两条腰线上，与东部海岸线平行的是东高止山脉（Eastern Ghats），与西部海岸平行的是西高止山脉（Western Ghats），两条山脉最终交汇于印度的南端，它们中间的区域就是德干高原。

印度的土地上还有西部拉贾斯坦邦（Rajasthan）的干旱沙漠地带以及东部恒河流域下游的热带雨林地带。这些复杂的地理构成将印度划分成各具特色的地理单位和生态系统，也为印度的多种族、多语言、多宗教的属性打下了地理基础。

3. 社会与宗教环境

印度土地上的人种多样，向来有“人种博物馆”之称，共有100多个民族，大致可以分为6种，分别是印度的原始居民尼格利陀人、原始澳大利亚类型的尼格罗人、南印度的达罗毗荼人、北印度的雅利安—达罗毗荼人、蒙古人以及北欧人。这六大类、多小类的不同种族经过长期的融合与分化形成如今印度极为复杂的民族结构。印度各地还散布着400多个部落，种族与部落共同创造了印度光辉的文明。

与种族众多相对应的是印度异常复杂的语言结构，印度的土地上共有170多种语言以及500多种方言，90%的人口数量使用其中约16种语言，可以将其大致分为印欧语系、达罗毗荼语系、南亚语系以及汉藏语系四种。后期由于外来殖民者的侵入以及商业和政治上的需要，印度逐渐统一了国家语言，将印地语设为第一官方用语，英语设为第二官方用语。

印度是一个宗教大国，其教派之多、信徒之盛、影响之深远非别国能出其右。印度的土地上流行着印度教（Hinduism）、伊斯兰教（Islamism）、佛教（Buddhism）、基督教（Christianism）、耆那教（Jainism）、锡克教（Sikhism）等众多宗教，人们热爱宗教，上至君主、下至子民都是如此，仿佛天生就对宗教思想有着强烈的感情。在这些宗教之中，印度教教徒最多，大约占印度总人口的80%，是印度第一大教。印度教属于多神教，经典和教义比较繁杂。在现代生活中，印度教已然慢慢演变成为一种哲学思想、一种生活方式。印度教传统文化的核心是种姓制度，虽然在印度独立之后种姓制度已被宪法明确废除，但千百年来形成的习俗却并没有那么快地消除殆尽，整个社会发展的不平衡性更使得印度土地上人与人之间的差距或者说社会阶层的差距比任何国家都要来得强烈。伊斯兰教是印度的第二大宗教，信徒约占印度总人口的13.4%，其余的教派则占很少的比重。

第二节　研究目的与意义

印度古代的建筑受到佛教、印度教的影响很大，如著名的桑契窣堵坡、印度教神庙、佛教石窟寺，它们的发展和中国传统的木构结构体系、西方的古典建筑体系都不同。伊斯兰教于中世纪传入印度之后，在对本土建筑艺术造成巨大破坏的同时，带来了全新的设计手法和建造工艺，开创了一套全新的印度本土的伊斯兰时期的建筑系统。穆斯林统治者还为印度城市的建造、布局、发展带来了新的理念，使得印度广袤的土地上产生了独特的城市与建筑风貌。研究这一时期的印度城市与建筑有助于我们更好地理清其发展脉络，明晰外来的伊斯兰教文化如何与印度本土文化相互交融影响。

本书在浅析伊斯兰教的起源和发展及其在印度土地上的产生和发展的基础上，对印度伊斯兰时期的城市与建筑这一物质载体进行研究与分析。在宏观层面上，对印度伊斯兰时期代表性城市的产生、布局、发展做详细的阐述和概括；在中观层面上，对不同建筑类型的起源、发展和特征进行梳理和总结，对不同类型的多个建筑实例做深度剖析；在微观层面上，对印度伊斯兰时期建筑的结构和装饰两个方面进行分析与研究，旨在总结归纳属于印度伊斯兰时期建筑的结构性特征和装饰性特征。

第三节 相关概念的界定及研究现状

1. 相关概念的界定

研究对象：本书探讨的城市涉及印度的具有伊斯兰历史时期特征、被伊斯兰文化影响较深的城市；本书探讨的建筑涉及印度伊斯兰历史时期内具有明显伊斯兰建筑类型及特征的建筑（本土印度教、耆那教建筑在该时期同样是平行发展的阶段，但不作为主要研究对象）。

地域范围：本书研究的地域范围不单单限定于印度共和国，而是针对印度伊斯兰时期长期被穆斯林实际控制的区域加以研究。该区域范围大致为北抵喜马拉雅山脉，西至印度河平原地区，包括如今巴基斯坦境内的木尔坦（Multan）、拉合尔（Lahore），东到西孟加拉邦（West Bengal），也就是如今孟加拉国（Bangladesh）的恒河入海口区域，南到印度地理上的最南端。

时间跨度：本书涉及的时间跨度从 711 年穆斯林攻占印度河下游信德地区开始到 1707 年莫卧儿帝国最后一代君王奥朗则布去世，计 10 个世纪，其中重点时间段是从 1206 年德里苏丹国建立到 1707 年莫卧儿帝国结束的 5 个世纪，其余时间跨度作为对背景的介绍。

2. 国内研究现状

国内对于印度伊斯兰时期的城市与建筑的研究并不多见，大多数涉及印度的文献都是针对印度历史的著述，例如林太所著的《印度通史》和刘建所编写的《印度文明》，以时间为轴线翔实地描述了印度从古至今发展的历史、社会、政治等，字里行间偶会涉及一些相关的重要历史建筑，做一些简单的介绍。国内有关印度伊斯兰时期的城市与建筑的著作如：陈志华编著的《外国建筑史》一书是最好的入门书籍，很精练地讲述了印度伊斯兰建筑的由来、发展状况和光辉成就；天津大学的邹德侬和戴路编著的《印度现代建筑》一书在第一章节讲述印度古代时期东西方交流时简短地介绍了印度伊斯兰时期建筑的状况和建筑的结构装饰特点，但并非重点；天津大学出版社出版的《印度建筑印象》翔实且精彩地记录了前往印度考察建筑的过程，但以图片居多，描述很少。

此外还有译著类的研究，如中铁二院工程集团有限公司负责翻译出版的《伊斯兰：建筑与艺术》、杨昌鸣等译著的《伊斯兰建筑》、王镛译著的《印度艺术简史》。这三本著作图文并茂地对印度伊斯兰时期建筑的形成和发展做了细致的讲述，特别是前两本著作按照印度伊斯兰时期历史发展的顺序，将印度复杂多变的政局变化下同时期和地域的建筑形式和特点进行了总结。但由于是译著，多少在理解上面有一定的难度和偏差，不能完全让读者领会原书作者的意图。中国艺术研究院王镛老师在译著《印度艺术简史》之后，根据自己对于印度的理解先后撰写了《印度美术史话》和《印度美术》两本著作，他以艺术和哲学两方面的专业知识，用富有感染力的文字向读者介绍了印度伊斯兰时期建筑及装饰艺术的精美壮阔，值得读者慢慢品味。胡惠琴、沈瑶译著的《亚洲城市建筑史》用很少的篇幅介绍了印度古代都城的布局和发展，但和伊斯兰时期有关的只有斋浦尔（Jaipur）一例。

再者要重点介绍萧默先生，他生前曾是中国艺术研究院研究员、建筑艺术研究所前所长。萧默先生于 1992 年 10 月前往印度进行为期两个月的建筑巡礼，期间漫游了印度的各大城市，考察了印度各个时期、各种类型的建筑，收集了大量的一手资料。回国后，萧默先生细细整理资料、理清思绪，最终编写出版《天竺建筑行纪》，从远古阿育王时期一直介绍到印度伊斯兰统治时期，将他在印度的直观感受呈现出来，其中与伊斯兰有关的内容以五个章节详细描述，精彩至极。

3. 国外研究现状

国外关于印度伊斯兰时期的建筑研究非常丰富，但关于城市方面的资料同样很少，主要是由于印度历史上政局极不稳定，缺乏相关的记载。印度独立后英语成为第二官方用语，因此关于印度的英文文献较多。英国殖民者进入印度之后，于 1784 年在加尔各答建立印度考古测绘局（ASI），为印度的遗产保护和建筑历史的研究提供了大量的考古资料。

在印度伊斯兰时期城市与建筑的相关外国文献中最为权威的是英国剑桥大学出版社出版的《新编剑桥印度史》（The New Cambridge History of India）丛书。这套丛书分为四大主题，每个主题下由一系列的分册构成，全套共有 23 分册，可谓大制作。丛书主要讲述了印度从德里苏丹国时期开始一直到印度独立之后这段时间跨度内的历史，内容包含政治、历史、社会、经济、城市、建筑、科学、艺术等多个方面，全面而又细致。其中两分册——《德干苏丹国的建筑和艺术》（Architecture and Art of the Deccan Sultanates）和《印度莫卧儿时期的建筑》（Architecture of Mughal India），专门介绍了印度伊斯兰时期的城市与建筑，以建筑为主，城市略有提及，资料翔实，观点独到。目前国内的云南人民出版社正在组织翻译、出版此套丛书，但由于翻译难度较大，进展缓慢。

程大锦（Francis D. K. Ching）等编写的《全球建筑史》（A Global History of Architecture），是世界建筑的编年史，全面介绍了全球建筑的发展情况，有关印度伊斯兰时期建筑的部分观点独到，插图质量很高；克劳德·巴特利（Claude Batley）编写的《印度建筑》（Indian Architecture）以简要的文字配上精美细致的测绘图片，展现了印度历史上建筑的发展情况；安德鲁·彼得森（Andrew Petersen）编写的《伊斯兰建筑词典》（Dictionary of Islamic Architecture）是一本方便的检索类图书，书中条目丰富，可以查阅到与伊斯兰教建筑有关的大部分释义的条目；约翰·波顿-佩兹（John Burton-Page）编写的《印度伊斯兰建筑》（Indian Islamic Architecture）从类型学的角度配合城市分类，全面详细地介绍了印度伊斯兰时期建筑的类型、特征和实例。

第四节　研究方法与结构

1. 研究方法

实地调研：笔者于 2013 年 12 月—2014 年 1 月期间在印度境内实地调研，先后到达拉贾斯坦邦、旁遮普邦（Punjab）、喜马偕尔邦（Himachal）、北方邦（Uttar）、比哈尔邦（Bihar）、古吉拉特邦（Gujarat）等 9 个邦、共计 22 座大小城市，重点对德里（Delhi）、斋浦尔、阿格拉（Agra）、艾哈迈达巴德（Ahmadabad）等城市进行了调研，走遍了众多城堡（Fort）、宫殿（Mahal）、清真寺（Masjid）、陵墓（Tomb）、阶梯井（Stepwell）等建筑类型，通过现场拍照、录像、测绘、问询等方式收集了大量一手资料，从而对印度伊斯兰时期的城市与建筑有了较完整的感性认识。

文献阅读：笔者充分利用书籍、网络等资源，收集了大量关于印度伊斯兰时期城市与建筑的图纸和文献资料，并对其筛选归类，对研究对象有了深入的理性认识。

理论研究：综合运用建筑学、城市规划学、社会学和人类学的诸多理论，对印度伊斯兰时期城市与建筑进行分析、总结和归纳。

2. 研究结构

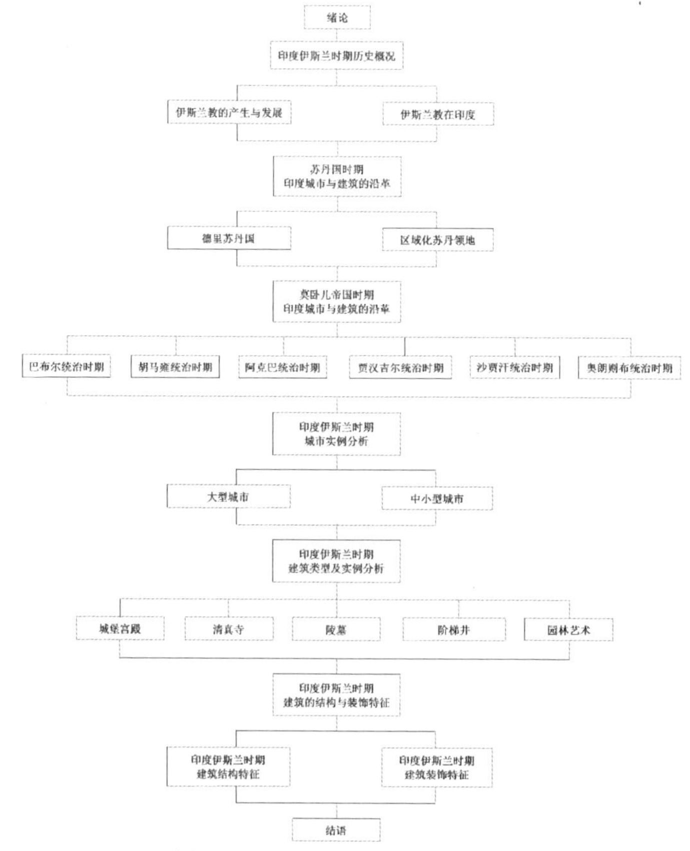

图 1-7　研究结构图

第二章　印度伊斯兰时期历史概况

第一节　伊斯兰教的产生与发展

1. 穆罕默德与天主的启示

620 年，全球范围内三大宗教之一的伊斯兰教创立于阿拉伯半岛上，至今已有 1 300 多年的历史了，创立人为穆罕默德，创教时穆罕默德 40 岁。字面上，“伊斯兰”是“顺服、皈服”之意，即要顺服世界上唯一的神安拉及他的旨意，以得到今生来世的和平、安宁。信奉的人被称为穆斯林（Muslim），意指“已经服从了的人”。

阿拉伯半岛（图 2–1）位于亚洲西南角，大部分被沙漠所覆盖，是游牧人和商人的世界。570 年，穆罕默德出生于麦加（Mecca），其家境尚可。但是穆罕默德的童年非常不幸，在还没出世时失去了自己的父亲，6 岁时母亲也离开了人世。他由祖父和叔父抚养长大，成人后在家族的商队中谋生。25 岁时他娶了一名富孀赫蒂彻（Khadija），与她共同生育了三个儿子和四个女儿，让人痛心的是儿子们还在婴儿时期就夭折了。30 岁时，他通过自己的努力成为一名成功的商人，并游走于阿拉伯广袤土地上不同文化与宗教背景的人们之间。

图 2–1　阿拉伯半岛区域图

绝大多数阿拉伯人信仰多神，通过祈祷和祭祀寻求男神、女神、恶魔和自然神灵的恩宠[1]。犹太教（Judaism）和基督教在阿拉伯半岛传播开后，给当地人的

1 [美]本特利，齐格勒，斯特里兹．简明新全球史 [M]. 魏凤莲，译．北京：北京大学出版社，2009.

信仰带来了很大的影响，穆罕默德对这些宗教有着基本的认识，但并没有加入任何一个阵营之中。这时的穆罕默德除了经商外，把更多的闲暇时间放在他所感兴趣的问题上。他时常对身边的社会现象不满，思考这些现象背后的原因。据说，穆罕默德经常到山中岩穴中幽居，每次出发之前带足吃喝，一去就是十天半月，甚至更长，幽居结束之后回家，再为下一次的幽居做准备[1]，这一行为持续了很长时间。

610 年，穆罕默德已到而立之年。这一年，他经历了一次异常深刻的精神体验：一次宗教圣召。阴历九月十七日夜间，穆罕默德得到天上真神安拉的启示。天上的声音向他降示了《古兰经》（Quran）中的第 96 章 1 至 5 节（图 2–2）："你应当奉你的创造主的名义而宣读，他曾用血块创造人。你应当宣读，你的主是最尊严的，他曾教人用笔写字，他曾教人知道自己所不知道的东西。"[2]之后他回家告诉了妻子，赫蒂彻就成为穆罕默德的第一位信徒，这一夜被穆斯林称为"授权之夜"。穆罕默德自称为真主安拉的使者，开始向他的家人和好友讲述他的经历和信仰。穆罕默德反对古阿拉伯宗教中的多神论思想，他告诫人们杜绝社会中的冷漠，杜绝把物质作为人生的主要目的而活[3]。渐渐地，周围的人开始相信他所言之事，并追随于穆罕默德身后。

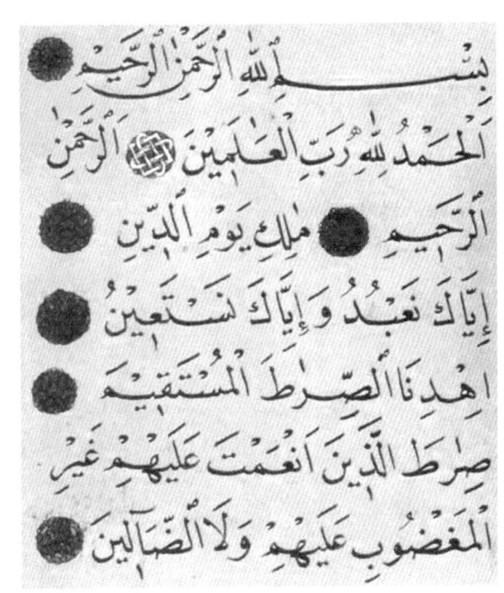
بسم الله الرحمن الرحيم
الحمد لله رب العلمين الرحمن
الرحيم ملك يوم الدين
إياك نعبد وإياك نستعين
اهدنا الصرط المستقيم
صرط الذين أنعمت عليهم غير
المغضوب عليهم ولا الضالين

图 2–2　《古兰经》内页

2. 伊斯兰教的确立

随着群体的越发壮大，穆罕默德的追随者们把他口头上叙述的启示汇编成册，以圣书《古兰经》的名义扩散出去，越来越多的人们通过这一经典书册了解到真主安拉和他的启示。然而如火如荼的传教活动却引来了麦加统治者的不满，

1 王怀德，郭宝华．伊斯兰教史 [M]. 银川：宁夏人民出版社，1992.
2 孙承熙．阿拉伯伊斯兰文化史纲 [M]. 北京：昆仑出版社，2001.
3 [英]马库斯·海特斯坦，彼得·德利乌斯．伊斯兰：艺术与建筑 [M]. 中铁二院工程集团有限责任公司，译．北京：中国铁道出版社，2012.

他们对古阿拉伯的多神论坚信不疑，穆罕默德的安拉唯一神论在他们看来是莫大的羞辱，而且阿拉伯蒙昧时期人们对于麦加城内克尔白[1]（Kaaba，图 2–3）这一多神圣所的朝觐给当地统治者们带来了巨大的财富，安拉的出现无疑对他们是一个巨大的威胁。因此，统治者们开始对先知及其追随者加以迫害。622 年 9 月 24 日，迫于无奈，穆罕默德带领他的追随者从麦加城逃到北方的麦地那（Medina）[2]，这个事件后来被称做希吉拉（Hegira）[3]，这一年成为伊斯兰教教历的纪元。

图 2–3　麦加城内的克尔白

图 2–4　穆罕默德在麦地那的清真寺布道

来到麦地那之后，穆罕默德成为追随他的这一流亡团体的领导人，他通过努力把信徒们组织成一个具有凝聚力的团体乌玛[4]（Umma），并且制定了一套全面的管理制度。在带领社团进行日常宗教活动的同时（图 2–4），穆罕默德还与其他城市的敌人进行着激烈的斗争，不断扩大自己的影响。随着时间的流逝，穆罕

1 克尔白，是一座立方体的建筑物，也叫做天房。建筑内放有一黑色圣石，位于麦加中心大清真寺内。对于所有的穆斯林而言克尔白是最神圣的地方，也是他们每日五次礼拜的方向。
2 麦地那，意为“先知之城”，与麦加、耶路撒冷一起被称为伊斯兰教三大圣地。
3 希吉拉，即“迁移”的意思。
4 乌玛，译成“信仰者的社团”，即最早的政教合一的穆斯林政权。

图 2–5 穆罕默德与随从在去麦加的路上

默德越发理解自己的神圣使命，他开始自称先知。在他看来犹太教教徒和天主教教徒们很早就受到了真主的启示，可是他们完全曲解了真主的意思，不可以把唯一的真主同别的神或者真主的孩子联系起来，真主是没有子嗣的。穆罕默德承认亚伯拉罕是第一位先知，创立了立法，证明了真主的唯一性；而耶稣也是一位杰出的先知和布道者，向世人传播了福音；自己则是最后一位先知，通过他真主的真理重新昭示于众人，他也完成了真主交给他的最终使命。至此，先知的时代结束了。

629 年，一直计划重返麦加的穆罕默德参加了一年一度的克尔白朝觐活动，第二年他带领信徒们打回麦加，征服了这座城市，逼迫麦加的统治者们接受伊斯兰教并成立新的政权（图 2–5）。穆罕默德摧毁了异教神庙，建立清真寺，清理祭拜众神的克尔白，把供奉黑陨石的克尔白看做伟大麦加的象征，受伊斯兰教徒们朝圣，至此伊斯兰教在阿拉伯半岛上正式确立。

632 年 3 月，穆罕默德亲自率领信徒们前往克尔白朝觐，为所有的穆斯林做了表率，这次朝觐即伊斯兰史上著名的“告别朝觐”。在朝觐之后三个月，先知穆罕默德因病去世。之后哈里发（Caliph）[1] 决定将先知穆罕默德迁移之年（622）的 7 月 16 日定为伊斯兰纪元的元月元日 [2]。

穆罕默德生前并未创设专门的传教机构，也没有设定具体的教义，但是他教育教徒们顺从于一定的日常生活规范，即伊斯兰教的五功。一是念功：信徒必须完全理解、绝对接受地背诵“除安拉外再无神灵，穆罕默德是安拉的使者”。二是拜功：信徒应每天做 5 次礼拜，分别在晨、晌、晡、昏、宵五个时间举行。信

1 哈里发，意为继承者，指先知穆罕默德的继承者。

2 阿拉伯半岛是以日、月、火、水、木、金、土作为一周七天的标志，其中日为星期日，依次下推。金曜日为星期五，622 年 7 月 16 日这一天刚好是星期五，这也是后来穆斯林每周五聚礼日的缘来。

众脱掉鞋子，跪在一张毯子上，头叩地，面朝麦加方向祈祷（图 2-6）。三是课功：穆斯林应慷慨施舍，作为献给安拉的贡品和一种虔诚的行为。四是斋功：穆斯林必须在每年 10 月，每天从日出到日落间，斋戒禁食。五是朝功：穆斯林一生只要条件允许就应争取朝觐麦加一次[1]。

图 2-6 祈祷中的穆斯林

除了五功之外，伊斯兰的教法沙利亚（Sharia）[2]也是穆斯林社会生活中重要的组成部分。教法从宗教的观点出发对穆斯林的行为作出规定和评价，其中包含奴隶制度、政治权威、犯罪、家庭生活、财产继承、商贸活动等方方面面。对于穆斯林而言伊斯兰教早已不再是一种简单的宗教信仰，已然成为人们的生活方式。

3. 伊斯兰教的发展

穆罕默德去世后，他创造的穆斯林社会面临着分崩离析的处境。由于没有指定的继承人，对于谁担任新的领袖这一问题在穆斯林内部产生了很大的分歧，刚归降于伊斯兰旗下的一些部落首领在穆罕默德去世后宣布独立，恢复行动自由。渐渐地，叛教的行为越来越多，伊斯兰的高层们清楚地认识到只有依靠武力才能解决问题。继承者哈里发这一概念出现了，穆罕默德生前的密友和信徒艾卜·伯克尔（Abu Bakr）出任首位哈里发。在他的领导下，乌玛向在穆罕默德去世后叛变伊斯兰信仰的部落发起进攻，仅用了不到一年的时间，就将他们全部收服。同时，阿拉伯人开始了早期的对外侵略。

634 年，欧麦尔·本·哈塔卜（Umar ibn Khattab）被选为第二任哈里发，在其带领之下先前的侵略行为发展成正式的战争。阿拉伯人在沙漠中战斗就好比维京人在海洋中肆掠一般，骑在骆驼上的贝都因（Bedouin）[3]军队可攻可守，在

1 [美]斯塔夫里阿诺斯．全球通史(上)[M]．吴象婴，梁赤民，董书慧，等译．北京：北京大学出版社，2006.

2 沙利亚，原意指所规定的道路，也称做常道。

3 贝都因人，是指以氏族部落为单位在沙漠旷野中过游牧生活的阿拉伯人，骁勇善战。

634—637年间攻占了拜占庭帝国（Byzantine Empire）的叙利亚和巴勒斯坦，并攻下了美索不达米亚平原大部分地区。644年，欧麦尔遇害，第三任哈里发奥斯曼·本·阿凡（Uthman ibn Affan）上位，先后征服了拜占庭帝国的埃及和非洲北部地区，651年正式将波斯收入囊中。656年，奥斯曼不幸遇害，第四任哈里发阿里（Ali）即位，此时阿拉伯的远征军已经攻到了阿富汗境内。阿里上位后停止了对外扩张，哈里发的权力开始衰落，其王位受到周围人的觊觎。逊尼派[1]（Sunnite）与什叶派[2]（Shi'ites）之间为了合法继承人的问题大肆内斗，奥斯曼的侄子、逊尼派代表叙利亚总督穆阿维叶（Muawiya）就是其中之一。穆阿维叶用计谋逐步瓦解阿里的权势，致使阿里队伍中一部分穆斯林独立，出走为哈瓦利吉派[3]（Kharijites），自己则在一旁巩固发展。661年，阿里在前往清真寺的途中被出走派的一名成员刺杀，至此四大正统哈里发领导的时代结束了。

同年，穆阿维叶在叙利亚的大马士革自称哈里发，建立倭马亚王朝[4]（Umayyad Dynasty，661—750）。他将先前内战不断的穆斯林国家在精神上又统一起来，开始了新的对外征服。向东，统治了印度西北部的信德（Sindh）地区和旁遮普的木尔坦。向西，征服了马格里布[5]（Maghreb），跨越了直布罗陀海峡，占领了西哥特王国（Visigoth Kingdom）所在的伊比利亚半岛[6]的大部分地区。但止步于此，穆阿维叶与法兰克王国（Kingdom of Franks）长时间周旋却一直没能突破，同样久攻不下的还有地中海沿岸的拜占庭帝国。至此，一个横跨欧、非、亚洲的阿拉伯帝国形成了（图2-7）。

倭马亚王朝后期，各种社会、宗教、政治矛盾日益尖锐，不仅如此王朝还一直遭到什叶派和哈瓦利吉派的反对，最终被在呼罗珊[7]（Khorasan）发动的武装起义击溃。750年，历时90年的倭马亚王朝告终。取而代之的是逊尼派穆斯林阿

1 逊尼派，全称“逊奈与大众派”，是绝大多数穆斯林加入的派别，遵循着四大哈里发及其继承人的历史传统，与“什叶派”一起成为伊斯兰教的两大派系。“逊尼”来源于阿拉伯语“逊奈”，指“传统”“行为习惯”。

2 什叶派，“什叶阿里”即指“阿里的党派”，他们笃信先知穆罕默德的女婿及他与穆罕默德之女法蒂玛所生子嗣才是先知合法的继承人，将阿里和他的子嗣视做绝对的伊玛目（信徒的领拜人）

3 哈瓦利吉派，即“分离派”“出走派”。

4 服装尚白，中国史书上称之为“白衣大食”。

5 马格里布，指现在的摩洛哥、阿尔及利亚、突尼斯、利比亚这一非洲西北部地区。

6 即指现在的西班牙。

7 呼罗珊，一历史地区，在今伊朗、阿富汗、土库曼斯坦交汇处。

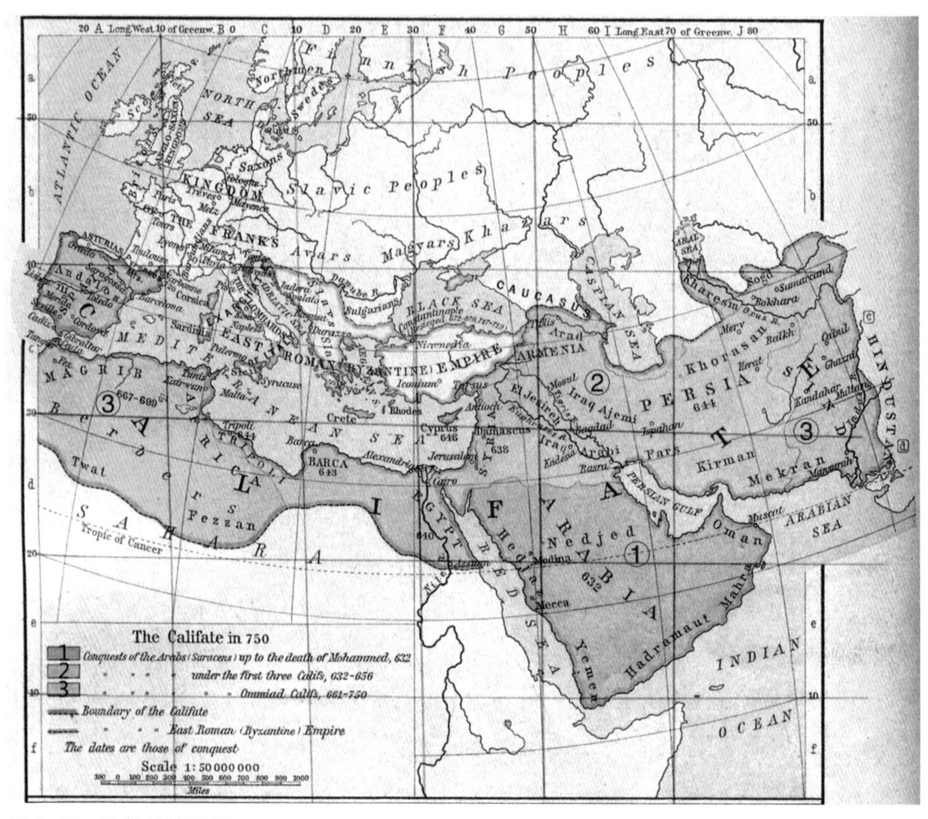

图 2-7　伊斯兰扩张图
1 先知穆罕默德时期的疆域（622—632）
2 四大哈里发时期的疆域（632—661）
3 倭马亚王朝时期的疆域（661—750）

布·阿巴斯（Abu Abbas）建立起的阿巴斯王朝[1]（Abbasid Dynasty），定都巴格达。与倭马亚王朝不同，阿巴斯王朝已然不是一个征服性的王朝，而是与拜占庭帝国进行时进时退的纠缠，同时偶尔和中亚地区游牧民族发生一些摩擦。除此之外，阿巴斯将精力都放在对整个帝国的管理和城市的发展建设上。依托底格里斯河的优势，巴格达被建设成为一座真正意义上的都城，定名为“平安之都”，这在伊斯兰的历史上尚属首次。阿巴斯借鉴了波斯人的管理方式，进一步完善帝国的经济、政治制度，使巴格达成为当时世界上少数的具有影响力的政治和经济中心。然而好景不长，之前在倭马亚王朝军事扩张下纳入版图的边

1 服装尚黑，中国史书上称之为“黑衣大食”。

远城市西班牙于8世纪中期独立，幸存的倭马亚家族王子建立了西班牙的倭马亚王朝。9世纪开始，埃及等北非国家也相继独立，并成立法蒂玛王朝[1]（Fatimid Dynasty），伊斯兰世界进入敌对的三位哈里发共同存在的特殊时期。与此同时，伊斯兰帝国的东部地区渐渐被突厥人和波斯人所掌控，先后出现了多个王朝。到了13世纪初，蒙古大军先消灭了中国西辽，然后打败了花剌子模王朝一路向西进军，最终于1258年1月攻下巴格达，终结了阿巴斯王朝。至此，以阿拉伯人为主体的伊斯兰帝国宣告结束。

第二节　伊斯兰教在印度

1. 伊斯兰教进入印度

伊斯兰教经由两条路径进入印度：一条为海路，以商业贸易为主，较为安全；另一条为陆路，颇具危险。古罗马帝国时代以来，印度从古吉拉特邦到喀拉拉邦的西海岸一直与阿拉伯海有着贸易往来，当阿拉伯商人于7世纪改信伊斯兰教之后，伊斯兰教即经由这条道路进入印度，一些阿拉伯人定居并融入当地；经由陆路前来的人们则由西北抵达，他们没有任何交易或是定居的意愿，单纯为军事、政治以及经济上的掠夺[2]。

在德里苏丹国建立之前，伊斯兰教对于印度的入侵先后经历了三个时期[3]。

第一个时期由阿拉伯人完成。664年，倭马亚王朝统治时期，阿拉伯人在军事扩张时攻下了喀布尔（Kabul），并从西北第一次进入印度，但是途中遭到印度军队的反击而败退回来。712年，阿拉伯人卷土重来，这次他们聪明地选择了从海路进入印度河流域，一路逆流而上，成功占领并控制了印度西北部的信德地区。之后又向北部地区进军，于713年占领了当时旁遮普邦的木尔坦。这一时期的入侵使得伊斯兰教正式在印度扎根。

第二个时期由伽色尼（Ghazni）的马哈茂德完成。伽色尼原本是阿富汗南部的一座城市，976年，改信伊斯兰教的突厥人在发展壮大之后定此地为首都，建立了伽色尼王朝（Ghazni Dynasty）。998年，伽色尼的继承人马哈茂德上位，

1　法蒂玛王朝由先知的女儿法蒂玛的后裔创立，因而得名，服装尚绿，中国史书上称之为“绿衣大食”。
2　[英]贾尔斯·提洛森．泰姬·玛哈尔陵[M]．邱春煌，译．北京：清华大学出版社，2012.
3　林太．印度通史[M]．上海：上海社会科学院出版社，2012.

将王朝发展到了鼎盛。1000—1026年间，马哈茂德率领自己的部队连续17次进攻北印度，目标直指印度富有的寺庙群所在的城镇，掠夺了无数的金银财宝。1030年，马哈茂德病重去世，伽色尼王朝开始迅速衰败，北印度的人民终于有了喘息的机会。

第三个时期由古尔王朝的库特卜·乌德·丁·艾巴克完成，正是这一次的入侵最终导致了印度北部的改朝换代。1150年，原本附庸于伽色尼王朝的古尔政权独立，于阿富汗中部的古尔城建立了自己的王朝，史称古尔苏丹王朝（Sultanate of Ghur）。1175年，古尔王朝的穆罕默德正式向印度北部发起进攻，不同于沉迷于掠夺财富的马哈茂德，他一心要将印度北部收进自己的统治区域。1191年，穆罕默德在由印度河流域向恒河流域转战的过程中，在距离德里130公里的塔拉因（Tarain）遭到了印度拉杰普特（Rajput）王国的顽强抵抗，最终败北。次年，穆罕默德集结了更多的兵力重新征战，双方再一次决战于塔拉因。这场战斗从拂晓一直持续到日落时分，最终幸运女神站在了古尔王朝这边，德里的大门也向古尔王朝敞开了。

2. 伊斯兰教在印度的发展

13世纪初—18世纪初的500年间，印度处于穆斯林的掌控之下，伊斯兰教成功渗入印度文化中，成为其一个重要组成部分。这一时期可分为两个阶段：德里苏丹国时期（1206—1526）和莫卧儿帝国时期（1526—1707）。

1206年，库特卜·乌德·丁·艾巴克在德里成立了德里苏丹国。德里苏丹国的统治持续了300多年，期间印度的政权体系大致可以分成四个部分：第一部分是以德里即德里苏丹国政权为中心由突厥人建立的穆斯林政权，这是印度北部最强大的政治力量所在。其周边还散落着许多小型的苏丹国，这些王国的统治范围一直随着王国力量的盛衰而时大时小，并不断与德里苏丹政权发生着摩擦。300多年中德里苏丹政权先后经历了五个王朝，最终于1526年被政权内部阿富汗的穆斯林所推翻，之后印度北部地区便分裂成许多小型的苏丹王国。第二部分是一开始就独立于德里苏丹国、位于印度东部地区的孟加拉王国，这些穆斯林政权后来都被德里苏丹国消灭、吞并。第三部分是位于德干高原北部的巴哈曼尼苏丹国（Bahmani Sultanate），亦为早期独立的穆斯林政权，在经历了180年的统治时期之后于16世纪初灭亡。第四部分是远在印度南部的印度教政权维查耶那加尔王国[1]（Vijayanagar Empire），这个印度教政权建立于13世纪初期，前后总计持续了300多年，受到伊斯兰教文化影响较小，保持着印度教文化的相对独立性。其政权期间一直同德干地区的巴哈曼尼苏丹国你来我往地征战着，16世纪中期被德干地区的穆斯林联合政权所消灭[2]。

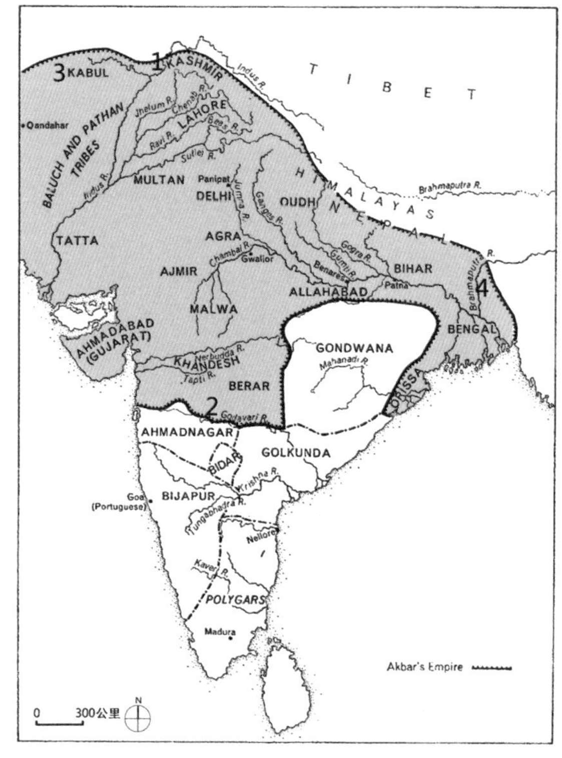

图 2-8　阿克巴统治时期的控制范围
1 克什米尔地区；2 戈达瓦里河；3 喀布尔地区；4 布拉马普特拉河

1526年，帖木儿的后代巴布尔率兵攻克首都德里，创建了崭新的莫卧儿帝国。在莫卧儿帝国统治的近200年间，先后经历了六个王朝，最终被外来的殖民统治者控制。莫卧儿帝国在阿克巴（Akbar）大帝统治期间达到了鼎盛，阿克巴用了40年征服了印度次大陆的大部分地区，确立了一个庞大的帝国版图，其范围北起克什米尔（Kashmir）地区，南到戈达瓦里河[3]（Gadavari River），西至喀布尔地区，东达布拉马普特拉河[4]（Brahmaputra River，图2-8）。1566年，阿克巴将首都迁至阿格拉。在宗教文化上，虽然莫卧儿帝国推行的是伊斯兰教，但阿克巴大帝执行的宗教政策确是相对宽松的。他任用了许多印度教教徒为政府工作，营造了安定的政治环境以及祥和的宗教氛围，使得社会呈现一片繁荣景象。阿克巴去世后，他的儿子贾汉吉尔（Jahangir）继承王位，其统治政策也被继续执行，帝国的版图稍稍得以扩大。然而奥朗则布即位后，采取较为偏狭的宗教政策，

1 即“胜利之城”之意。
2 尚会鹏．印度文化史[M]．桂林：广西师范大学出版社，2007.
3 戈达瓦里河为印度境内仅次于恒河的第二长河。
4 布拉马普特拉河在中国境内叫做“雅鲁藏布江”，从藏南地区流入印度。

大力推行伊斯兰教，压制印度教，致使国家上下怨声载道，战乱不绝，最终走向了灭亡（图 2-9）。

德里苏丹国与莫卧儿帝国两个时代有着明显的不同：前者政权不稳定，主要依靠打击镇压印度教来巩固政权和扩张版图；后者则将印度当做自己的国家来治理，努力使伊斯兰教文化同印度教文化相互融合，力图创造一个繁荣昌盛的时代。经过两个政权前后 500 年的统治，伊斯兰教已然发展成为印度土地上第二大宗教。

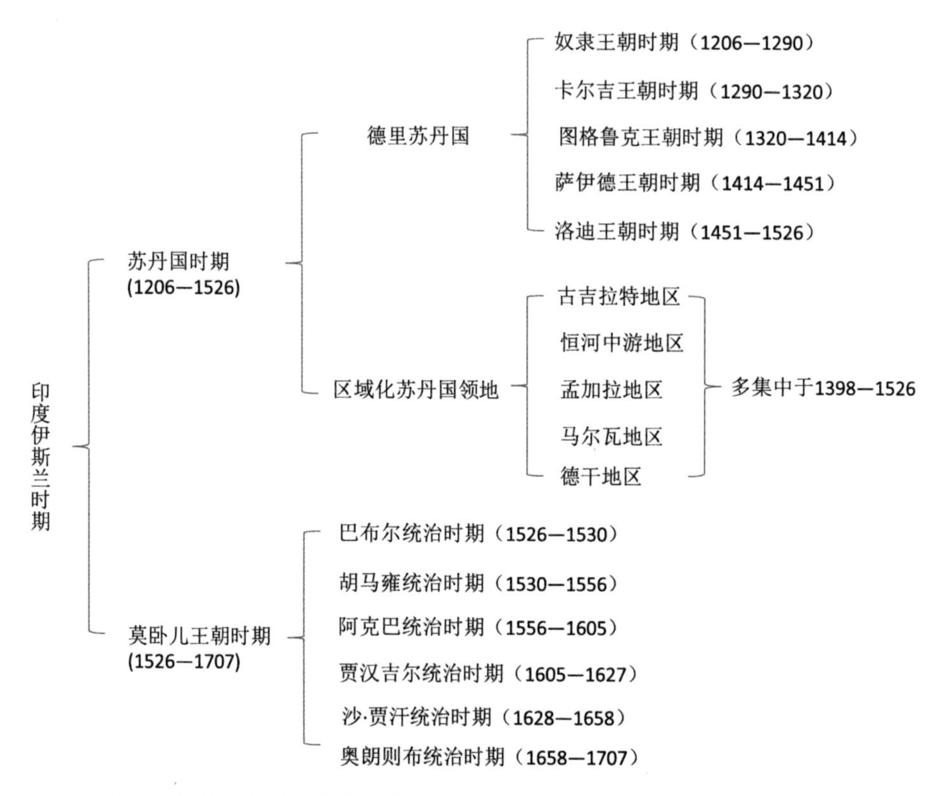

图 2–9　印度伊斯兰时期历史发展脉络

3. 伊斯兰教对于印度本土宗教的影响

印度教、佛教、耆那教是印度本土形成的三大宗教，它们吸收了印度深厚的文化传统和底蕴，并从印度传播到整个亚洲甚至世界各地。佛教至 9 世纪事实上在印度已经消失了，很大原因在于佛教的观念被吸收融入主流的印度教思想当中。此后，佛陀的形象出现在许多印度城市的礼拜堂中，成为毗湿奴的化身之一。耆那教在印度教的传统中生存了下来[1]，但1000年之后，逐渐主宰印度文化和宗教生活的是印度教和外来的伊斯兰教，伊斯兰教的出现打破了印度与其本土宗教体系的古老联系。

伊斯兰教在进入印度之初是很小众的一派宗教，后随着穆斯林商人与当地人的通婚而渐渐被印度民众所接受，慢慢地受到人们的追捧，因为讲求人人平等，有许多低种姓的印度教教徒选择改宗伊斯兰教的方法提高自己的社会地位。然而印度教和伊斯兰教的传统存在着明显的差异，如印度教的万神殿里供奉着不计其数的神灵，而伊斯兰神学建立在坚如磐石的一神教基础上。两种宗教在印度都吸引了大批信徒，其中印度教在南部占优势，而伊斯兰教徒在北部占多数[2]。伊斯兰教的出现总是和武力征服捆绑在一起，新兴的伊斯兰教向本土的印度教发起了挑战。伊斯兰教在强势进军印度时击溃了许多印度北部地区古老的印度教王国，洗劫并摧毁众多的印度教寺庙，大肆攻占德里和德干地区，疯狂的举动致使印度教教徒与穆斯林之间的关系长期紧张。

之后，温婉而又神秘的苏菲派（Sufism）传入印度。苏菲派提倡个人的、情感的和虔诚的信仰方式，并不严格要求教徒遵守教条，有时甚至允许教徒参与不被伊斯兰教信仰承认的仪式，并崇拜其中的神灵。苏菲派的传教者以虔诚打动希望通过信仰而获得安慰、洞悉人生的慕道者。尽管两种宗教的教义极为不同，但它们的精神价值是相似的[3]。苏菲派的到来对印度的宗教生活产生了深远的影响，促进了伊斯兰教和印度教之间的相互融合，特别到了莫卧儿统治时代，原本尖锐冲突的两种宗教体系开始吸纳对方的思想和习俗。最终，伊斯兰教在改变印度和印度教的同时，自身也发生着改变，成为印度宗教体系中不可分割的一部分。如今印度的穆斯林人口占世界第二，这便是宗教融合的力量。

小结

本章首先对伊斯兰教诞生的过程、教义的确立以及发展概况进行描述。伊斯兰教在世界性的宗教团体中属于建教时间较短的，但是它所取得的成就以及在最后一位先知穆罕默德去世后的快速传播，在宗教史上是极其罕见的。伊斯兰教甚

1 [英]迈克尔·伍德．追寻文明的起源[M]．刘辉耀，译．杭州：浙江大学出版社，2011.
2，3 [美]本特利，齐格勒，斯特里兹．简明新全球史[M]．魏凤莲，译．北京：北京大学出版社，2009.

至蔓延到众多的非阿拉伯文化地区，形成当今世界上遍及各地的伊斯兰文化圈（图2-10）。本章其次通过对伊斯兰教在印度地区的传播、发展过程的具体介绍，阐述伊斯兰教与印度本土宗教文化发生冲突又逐渐融合的过程，力求加深对两种不同宗教背景下的文化的了解，为下文印度伊斯兰时期城市与建筑的介绍做铺垫。

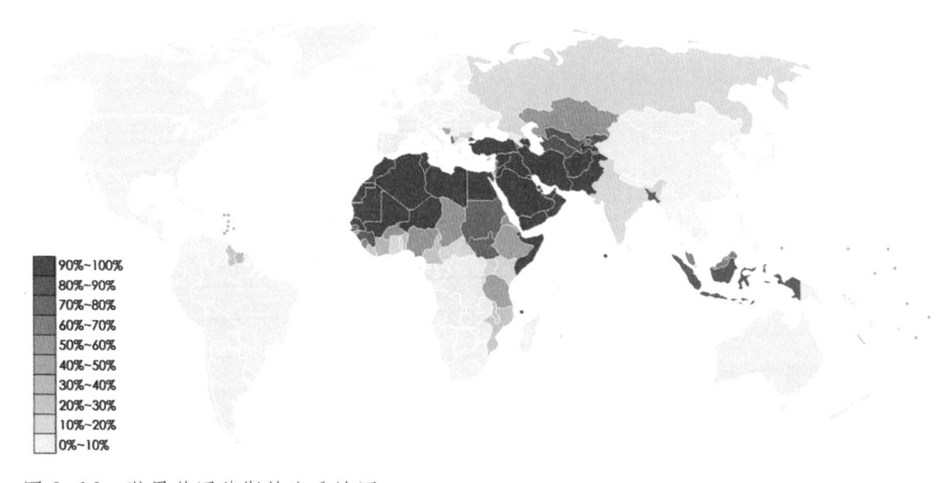

图 2-10　世界范围穆斯林比重地图

第三章　苏丹国时期印度城市与建筑的沿革

第一节　德里苏丹国

第二节　区域化苏丹领地

第一节　德里苏丹国

12世纪末，马哈茂德的继承者对印度北部地区进行了更加系统化的军事征服，努力将该区域划为穆斯林的统治之下。到了13世纪初，他们征服了印度北部绝大多数的印度教王国，在此基础上建立伊斯兰政权国家，史称德里苏丹国。德里被苏丹确定为国家的首都，此处是从旁遮普地区通往恒河流域的重要军事地域。德里苏丹国以德里为中心持续统治了印度北部长达3个世纪之久，直到1526年新的征服者建立莫卧儿帝国为止，期间经历了五个连续的王朝，分别是：奴隶王朝时期（Slave Dynasty，1206—1290）、卡尔吉王朝时期（Khilji Dynasty，1290—1320）、图格鲁克王朝时期（Tughluq Dynasty，1320—1414）、萨伊德王朝时期（Sayyid Dynasty，1414—1451）和洛迪王朝时期（Lodi Dynasty，1451—1526）。

1. 奴隶王朝时期

库特卜·乌德·丁·艾巴克于13世纪初在德里开启了德里苏丹国的历史，建立了印度史上第一个正式的伊斯兰政权，也真正意义上掀开了印度伊斯兰时期城市与建筑的历程。库特卜·乌德·丁·艾巴克在作为副官之前是古尔王国的一名军事奴隶，因此他所掌权的德里苏丹国的早期王朝被称为“奴隶王朝”[1]。

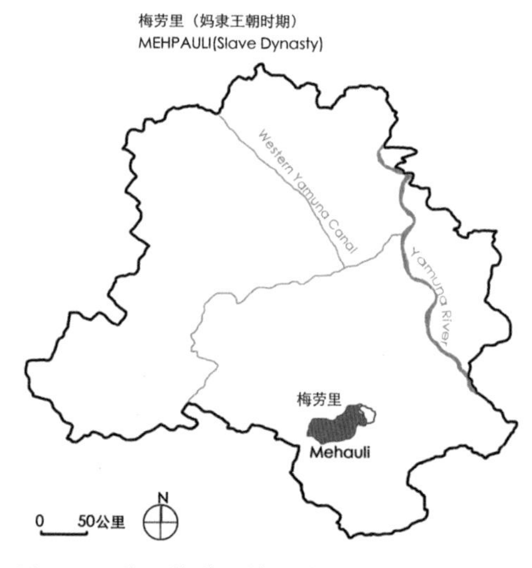

图3-1　德里梅劳里城区域图

艾巴克自立为王之后，做的第一件事便是在德里的南部建造一座属于自己的都城——梅劳里城（Mehrauli）。他摧毁了当地众多的印度教神庙，并在印度教神庙遗址上建造库瓦特·乌尔·伊斯兰清真寺[2]（Quwwat-ul-Islam

1 “奴隶王朝”也称为“马穆鲁克王朝”（Mamluk Dynasty）或“古拉姆王朝”（Ghulam Dynasty）。

2 “库瓦特·乌尔”是“伊斯兰的威力”之意。

Mosque）。这座清真寺使用了原印度教神庙的构件修建而成，形式完全遵循伊斯兰教教义的要求，柱身被加高，原柱柱身上的人物以及动物图案被清除干净，添加了阿拉伯样式的花纹和书法雕刻的图案。艾巴克还在阿杰梅尔（Ajmer）修建了另外一座大型的清真寺——阿亥·丁·卡·江普拉清真寺（Arhai-din-ka-jompra Masjid）。这座清真寺同库瓦特·乌尔·伊斯兰清真寺形制类似，也用周边印度教神庙的构件搭建而成，但规模是库瓦特·乌尔·伊斯兰清真寺的两倍。后期，艾巴克在阿亥·丁·卡·江普拉清真寺前加建了一座带有 7 道拱门的纪念性立面屏门（图 3-2），又在库瓦特·乌尔·伊斯兰清真寺附近修建了一座大型的纪念碑——库特卜高塔（Qutb Minar）。库特卜高塔是一座高大的胜利之塔，塔身上雕刻了许多《古兰经》中的句子，向全印度彰显着伊斯兰教的力量，将真主的庇护延生至东方和西方。1236 年，这座巨大的纪念碑由艾巴克的女婿、王位继承人伊勒图特米什（Iltutmish）修建完成。伊勒图特米什在掌权期间对恒河平原加强了控制，努力将先辈们已经征服的印度北部地区领土治理成为一个共同体。至去世之时，他已然将北印度建设成为一个强大的国家（图 3-3）。

图 3-2　阿亥·丁·卡·江普拉清真寺屏门

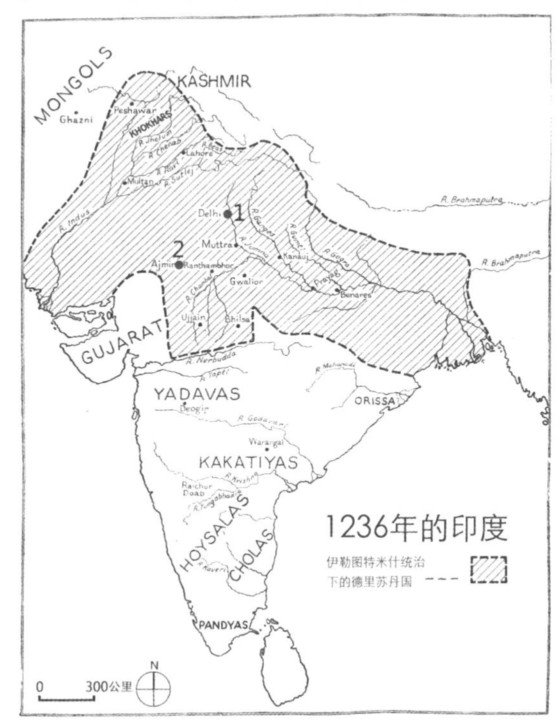

图 3-3　奴隶王朝时期的控制范围
1 德里；2 阿杰梅尔

伊勒图特米什负责建造了自己的陵墓，除清真寺外，陵墓作为另一种非印度教本土的建筑形式被伊斯兰文明带进印度。伊斯兰教传入印度之前，印度本土的印度教教徒和佛教教徒都采取火葬的安葬形式，陵墓建筑并不为人们所知晓。伊勒图特米什的这座陵墓位于库瓦特·乌尔·伊斯兰清真寺礼拜殿殿墙外，方形平面，有三个入口（图3–4），面朝西方的一侧为礼拜墙。陵墓中央为衣冠冢，真正的墓穴位于建筑下方，墓穴入口在北向。建筑的屋顶原覆有一座叠涩而成的穹顶（Dome），承托在叠涩而成的穹隅[1]（Pendentive）之上，如今已不复存在。陵墓附有精致的小型拱廊及栏杆柱式，内部的墙壁上刻满繁杂的铭文、图案。陵墓白色的大理石衣冠冢与周边红色砂岩的建筑内部形成巧妙的对比，完美而统一，是德里苏丹国初期建筑形式的典型代表（图3–5）。

图3–4 德里伊勒图特米什陵入口

图3–5 德里伊勒图特米什陵室内

奴隶王朝的后期，统治者在德里附近受到印度教教徒叛乱的威胁，无心建造有代表性的建筑，但这期间有一座陵墓在印度伊斯兰建筑的发展史上具有着里程碑式的意义。这座陵墓由一位名叫吉亚斯·乌德·丁·巴尔班（Ghiyas-ud-din Balban）的苏丹为自己而建，现位于德里梅劳里考古遗址公园（Mehrauli Archaeological Park）内。尽管陵墓主体的结构已经被破坏得很严重了（图3–6），

1 穹隅，为球面三角形结构（角部拱肩），用于连接其下的二次结构和圆顶的圆形部分。

穹顶也不翼而飞，但是从断壁残垣中我们发现，正是在这座建筑之中，建筑师第一次将楔形石块砌筑成的真正意义上的拱券（Arch）引进印度[1]，也是从这座建筑起印度的土地上出现了真正的穹顶。

2. 卡尔吉王朝时期

奴隶王朝之后，卡尔吉王朝一反前朝对于当地人的疏远，吸收了许多印度穆斯林进入政府高层中，进一步巩固德里苏丹国的基础。与此同时，从突厥而来的卡尔吉王朝的统治者阿拉丁·卡尔吉（Alauddin Khilji）开始扩充国家军队，向周边地区发动大规模的征服战争：向西深入到拉贾斯坦邦附近的沙漠区域和古吉拉特邦，向南则第一次进入德干地区，甚至深入到南印度的马杜赖（Madurai）。统治者将德里苏丹国渐渐推向权力的巅峰（图 3-7），并坚信皇权凌驾于贵族阶级之上，卡尔吉也因此被称为历史上“第二个亚历山大”[2]。

图 3-6 吉亚斯·乌德·丁·巴尔班陵

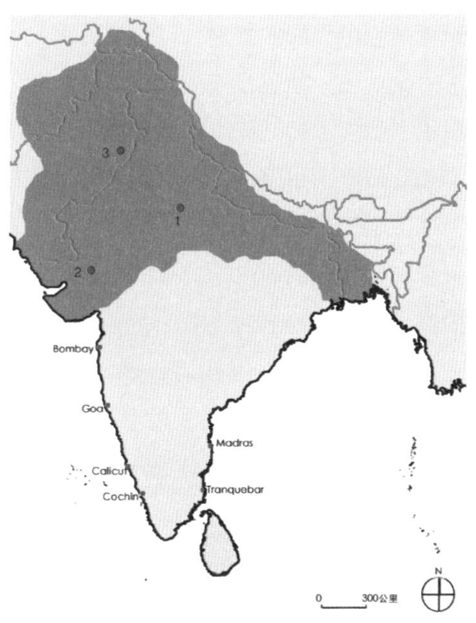

图 3-7 卡尔吉王朝时期的控制范围
1 德里；2 艾哈迈达巴德；3 拉合尔

---

1 [美]约翰·D 霍格. 伊斯兰建筑[M]. 杨昌鸣，陈欣欣，凌珀，译. 北京：中国建筑工业出版社，1999.

2 [英]马库斯·海特斯坦，彼得·德利乌斯. 伊斯兰：艺术与建筑[M]. 中铁二院工程集团有限责任公司，译. 北京：中国铁道出版社，2012.

一系列的战争使得德里苏丹国的领土范围迅速扩大，而征服过程中掠夺而来的金银财宝被用于建造新城。新城命名为西里堡（Siri Fort），选址于梅劳里城的东北方（图3-8）。卡尔吉将西里堡作为强有力的后盾，进一步开展扩大领土的行动。卡尔吉对库瓦特·乌尔·伊斯兰清真寺的大规模扩建计划也在紧锣密鼓的筹划之中。这一计划包含修建一座比库特卜高塔还要高出一倍的阿莱高塔（Alai Minar）以及整座清真寺南部的一座主入口——阿莱·达瓦扎（Alai Darwaza）。阿莱高塔只建造了一个底座，始终没有完工（图3-9），值得庆幸的是，阿莱·达瓦扎精彩地展现了卡尔吉王朝时期应有的建筑风采（图3-10）。这座入口建筑平面呈方形，三个外立面上大量使用白色大理石与红色砂岩雕刻的精美装饰。立面划分为上下两层，上层为装饰性的小窗，下层为有实用功能的大窗，窗内添加一层几何形状的镂空窗格，起到通风、美观的作用。建筑装饰设计上的连贯性以及主入口马蹄状的拱券上带有的矛尖凸出，表明该建筑出自土耳其塞尔柱（Seljuk）地区的建筑师之手，而建筑的总体样式和雕刻细节说明了这是一座土生土长的受到伊斯兰风格影响的印度建筑。巨大的凸出式的入口将库特卜建筑群的庄严、雄伟提升了一个等级，以至于到了莫卧儿帝国时期，这些建筑特色依然被统治者继承采纳。

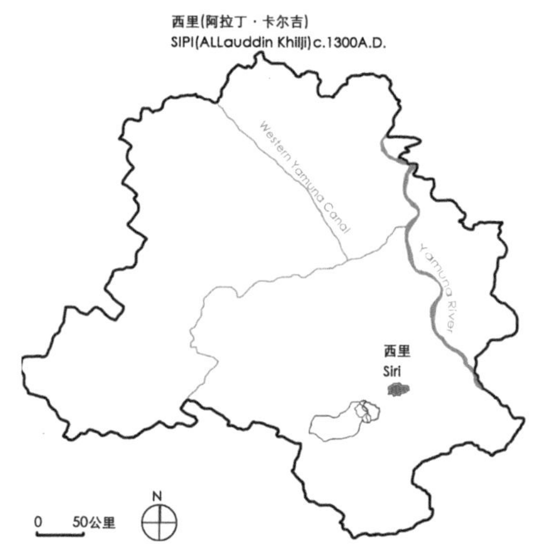

图3-8 德里西里堡区域图

图3-9 未完工的阿莱高塔

图3-10 阿莱·达瓦扎

3. 图格鲁克王朝时期

1320年代，吉亚斯·乌德·丁·图格鲁克（Ghiyas-ud-din Tughluq）借卡尔吉王朝内部勾心斗角之际夺取了政权，开始了德里苏丹国的第三个时期——图格鲁克王朝。上位之后的图格鲁克在距离库特卜高塔东南方向5公里的砂岩山顶上建造了一座规模宏大的城堡——图格鲁加巴德（Tughluqabad，图3-11）。由于这座城堡建于山顶，水资源的获取相对困难，因此当城堡建成后，图格鲁克立即命令当地的工人日夜赶工，在城堡的附近修建一座大型的水库。吉亚斯·乌德·丁·图格鲁克在位期间，喜爱用一种比卡尔吉王朝更加质朴、明快的建筑样式进行营造。这种样式以砖块砌筑，墙体厚重且略微倾斜，墙体之间用水平的联系梁支撑，拱券之下加类似的过梁。其代表性的建筑是图格鲁克本人的陵墓（图3-12）。吉亚斯·乌德·丁·图格鲁克陵位于新建城堡附近，外围修建小型的防御工事。陵墓主体呈方形圆顶，墙身向内侧斜倾，三面开门，门上饰以白色的大理石板，并起到过梁的作用。顶部的穹顶从一座八角形的基座上建造起来，外部镶上白色的大理石。建筑整体典雅而

图3-11　德里图格鲁加巴德区域图

图3-12　吉亚斯·乌德·丁·图格鲁克陵

庄重。

德里苏丹国在吉亚斯·乌德·丁·图格鲁克的儿子穆罕默德·宾·图格鲁克（Muhammad bin Tughluq）的统治下达到历史上最强盛的时期。穆罕默德·宾·图格鲁克是一位博学多才的君主，也是一位能征善战的将军，但他的许多行径残酷到令人发指，是一位极具传奇色彩的帝王。在他统治时期，疆域范围一直延伸到印度更加南部的地区（图3–13）。德里苏丹国在发展至巅峰之后急转直下，1334年马杜赖的总督宣布独立，自称“马巴尔苏丹”，四年后孟加拉如法炮制，1346年南印度的维查耶那那加尔帝国成立，而1347年印度中部巴哈曼尼苏丹国成立[1]。印度这些古老的政治中心地区又一次活跃在历史的舞台上。

图3–13　穆罕默德·宾·图格鲁克统治时期的控制范围
1 德里；2 马杜赖

1351年，菲鲁兹·沙阿（Firuz Shah）继承王位。这位皇帝治国的手段没有先人那般强硬，他将大部分的时间都用在国家的建设上，维护了德里苏丹国在政治上的稳定。菲鲁兹·沙阿上位之后在图格鲁加巴德的北部、亚穆纳河（Yamuna River）岸边建造了自己的城堡——菲罗扎巴德[2]（Firozabad，图3–14），又建造了清真寺、花园、浴室等众多公共建筑。菲鲁兹·沙阿还略带创新地修建了一座

1 [德]赫尔曼·库尔克，迪特玛尔·罗特蒙特．印度史[M]．王立新，周红江，译．北京：中国青年出版社，2008.

2 此处的菲罗扎巴德为德里内的一座古城，并非印度北方邦的菲罗扎巴德市。

巴拉达里[1]（Baradari）式建筑——菲鲁兹沙阿科特拉（Firuz Shah Kotla），这是现存最早的印度式伊斯兰宫殿[2]。这座宫殿以一根从附近遗址迁移来的阿育王石柱为制高点，呈三层金字塔状的建筑形式，一层平面最大，三层平面最小，与法塔赫布尔·西克里城堡（Fatehpur Sikri Fort）内的潘奇宫殿（Panch Mahal）的形制相像，室内空气流通，是夏日避暑的绝佳圣地（图 3-15）。这一建筑实例说明穆斯林征服者根据印度当地的气候环境，创造出更加适合居住的建筑形式，他们营造的建筑在渐渐吸收印度本土建筑的部分特征的同时持续地进行着改进。

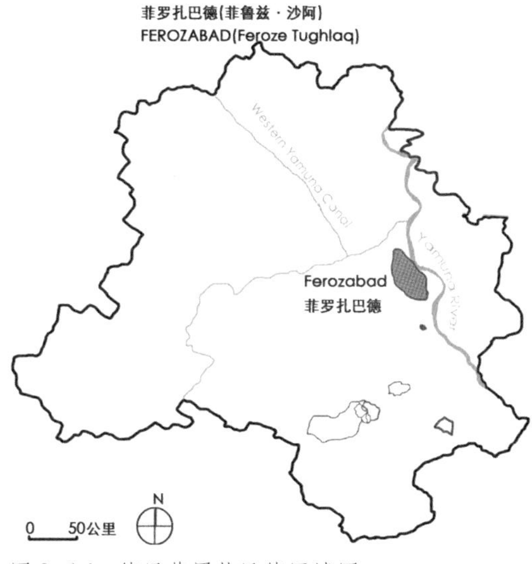

图 3-14　德里菲罗扎巴德区域图

图 3-15　菲鲁兹沙阿科特拉

图格鲁克王朝末期，中亚的征服者帖木儿对印度进行了毁灭性的入侵（图 3-16）。他们从喀布尔出发，一路向东南方向进军，先后摧毁了木尔坦及旁遮普地区，最终于 1398 年攻占首都德里，掠夺了大量的金银财宝，屠杀了众多的穆斯林以及印度教教徒，将整个德里变成一座坟墓。帖木儿的侵略给德里苏丹的统治最后一击，在享受了首都的荣誉近 200 年之后，德

1 指一种方形的建筑形式，四周由柱廊围合，每面有 3 道门，共 12 道，这种建筑形式通风性能及观赏性能好，常用于表演、展示，如琥珀堡内的巴拉达里，也有八角形的变体。

2 [美]约翰·D 霍格．伊斯兰建筑[M]．杨昌鸣，陈欣欣，凌珀，译．北京：中国建筑工业出版社，1999.

图 3-16　1398 年德里苏丹国实际控制范围
1 德里；2 江布尔；3 古尔；4 比德尔；5 维查耶那加尔

里降为省会[1]。

4. 萨伊德王朝时期和洛迪王朝时期

1414 年，帖木儿封予的木尔坦地区的总督萨伊德·希兹尔·汗（Sayid Khizr Khan）控制了德里地区，建立了萨伊德王朝。在统治德里苏丹国期间，萨伊德·希兹尔·汗常年对帖木儿进行朝贡，以表衷心。他所掌控的实际领土范围较图格鲁克王朝时期已经大大缩减，只余德里周边恒河—亚穆纳河之间的地区以及旁遮普、木尔坦和信德等封地。在他统治时期，突厥贵族们都有自己的封地和相对的独立

1 [印]K M 潘尼迦 . 印度简史 [M]. 北京：新世界出版社，2014.

性，萨伊德无法对他们做过多的干涉，因而未能享有相应的皇权，也未能树立起皇家的威望。德里苏丹国如此般换了几代苏丹依旧没有起色。1451 年，来自阿富汗的旁遮普总督巴鲁尔・洛迪（Bahlul Lodi）领兵造反，夺取了德里，建立了洛迪王朝。巴鲁尔・洛迪在位期间，德里苏丹国基本恢复了以前的国力，收复了瓜廖尔、江布尔（Jaunpur）等地区。他的儿子希坎达尔・洛迪（Sikandar Lodi）即位后执行铁腕政策，将首都迁至阿格拉，在继续增强国力的同时大力促进科学、艺术的发展，使得伊斯兰文化同印度文化在多个方面都有了更好的融合。

1495 年，希坎达尔·洛迪在阿格拉附近修建了一座单层的巴拉达里（图 3–17）。这座建筑平面呈方形，中轴对称，四边的中央入口上方以及建筑的四角各有一个卡垂[1]（Chhatri）升起，整体对外完全开敞（图 3–18）。至莫卧儿帝国时期的 1623 年，贾汉吉尔将母亲安葬在这里，他对这座建筑进行符合莫卧儿审美的细部装饰，但没有改变原有的建筑结构。

这时期的统治者们都比较偏爱的陵墓形式平面为八边形，带穹顶，建筑外侧由八边形的门廊进行联系，为前来环绕陵墓进行仪式活动的人们提供庇护，外

图 3–17　希坎达尔・洛迪修建的巴拉达里

1 Chhatri，印地语，指雨伞或树冠。卡垂是一种被架于高处的用于展示的圆顶形印度教建筑类型，起源于拉贾斯坦，为纪念国王和皇室成员而建，后慢慢发展成为装饰性的亭阁，在莫卧儿帝国建筑中普遍使用。

围还会再围合一圈方形或者八边形的围墙。其最典型的建筑实例是 1548 年建成的苏尔王朝（Sur Dynasty）伊萨汗·尼亚兹陵（Isa Khan Niyazi Tomb，图 3–19）。这座陵墓位于后来莫卧儿帝国时期修建的胡马雍陵（Humayun's Tomb）附近，虽然两座陵墓建成时间前后间隔不超过 30 年，但建筑样式却大相径庭。

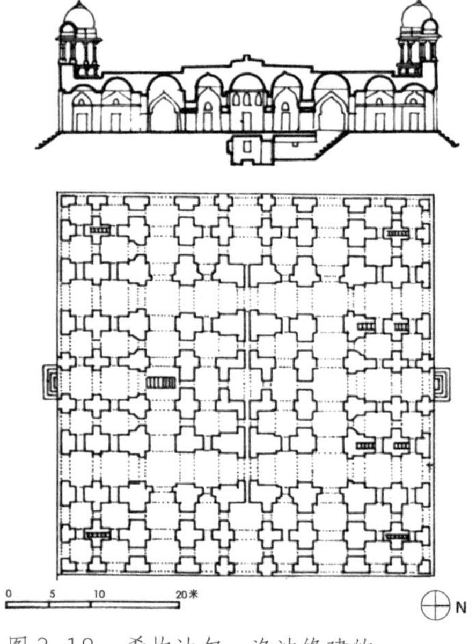

图 3–18　希坎达尔·洛迪修建的巴拉达里剖面、平面图

最后一任洛迪王朝的统治者——易卜拉欣·洛迪（Ibrahim Lodhi）在位时，试图用更强硬的手段来维持自己的统治地位，可惜遭到贵族和苏丹们的顽强反抗。贵族和苏丹们联合一位强有力的外援，即开创莫卧儿帝国时期的伟人巴布尔，最终推翻了洛迪王朝的统治。

图 3–19　胡马雍陵内的伊萨汗·尼亚兹陵

第二节　区域化苏丹领地

14 世纪时，德里苏丹国拥有超过 30 万人的大军，可谓伊斯兰世界中最为强大的帝国之一，但德里苏丹国实际掌握的政权仅仅局限于德里地区，并未在其他地方设立任何行政机构或是官僚体系。相较于庞大的印度教教徒的民众基础，在广大的印度土地上，伊斯兰的政权和军事威严过于微弱，苏丹们甚至在自己的宫廷之中也如履薄冰。因此，苏丹迫切需要妥善处理同印度地方君主的利益关系。

在德里苏丹国周边还分布着许多小的穆斯林王国，在此统称它们为区域化的苏丹领地。这些苏丹国的统治范围随着军事力量的盛衰而时大时小，并同德里苏丹国保持着长期的战争关系。特别是 1398 年，帖木儿率领他的军队袭击德里，杀戮 10 万人，掠宝无数，这一次的入侵给德里苏丹国造成了巨大的创伤。在帖木儿的劫掠之后，德里苏丹国实际上终止存在长达 15 年，古吉拉特、马尔瓦（Malwa）和江布尔地区形成独立的苏丹国，西部的拉合尔、木尔坦和信德地区则处于帖木儿后裔和其继承人的控制之下[1]。

1. 古吉拉特地区

古吉拉特地区位于印度最西端（图 3-20），其西部和西南区域与阿拉伯海连接，北部地区则与巴基斯坦、拉贾斯坦邦毗连，东部与东南边界分别与中央邦（Madhya）和马哈拉施特拉邦（Maharashtra）衔接。地域面积 18.7 万平方公里，共有 1 600 公里的海岸线，为印度各邦中海岸线最长的地区。

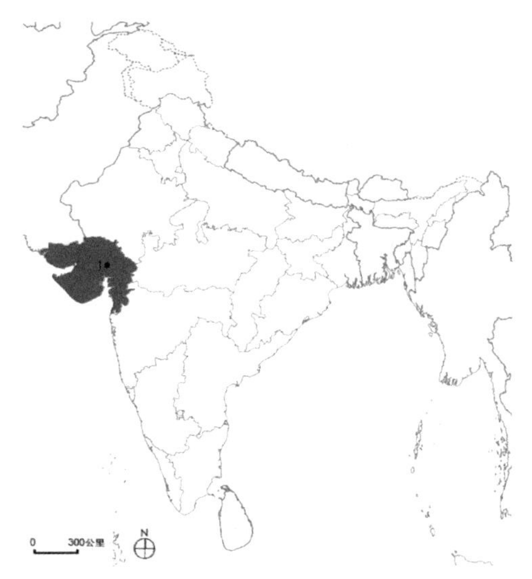

图 3-20　古吉拉特地区区域图
1 艾哈迈达巴德

古吉拉特地区的历史源远流长，在古代是印度河流域文明的重要中心

1　[德]赫尔曼·库尔克，迪特玛尔·罗特蒙特．印度史[M]．王立新，周红江，译．北京：中国青年出版社，2008.

之一。8世纪初，阿拉伯人试图经信德地区入侵印度拉贾斯坦和古吉拉特，但被打败。伊斯兰控制印度后，库特卜·乌德·丁·艾巴克未能将古吉拉特地区纳入自己的国土，直到阿拉丁·卡尔吉在位时才将其征服。1401年帖木儿军队侵略印度时，古吉拉特地区的统治者立即宣布独立为苏丹王国，以艾哈迈达巴德为首都，其统治持续了170多年。1576年，莫卧儿皇帝阿克巴出兵讨伐古吉拉特，成功将其收复并一直控制至莫卧儿帝国终结为止。

13世纪前，古吉拉特地区建造了大量印度教与耆那教的石窟和神庙建筑，当穆斯林的统治者征服该地区之后，原有的建筑样式以及建筑形式发生了巨大的变化。穆斯林的统治者将圆形的穹顶及其支撑结构体系、马蹄形状的拱门、各式各样伊斯兰风格的装饰图案以及雕刻、绘画等艺术手法带入古吉拉特地区，在该地区建造了大量的清真寺建筑。新颖的建筑形式不仅给当地传统的印度建筑带来强烈冲击，也与之不断融合。古吉拉特地区最为壮观奇特的建筑类型——阶梯井，在这一时期与伊斯兰的建筑艺术产生了同样微妙的“化学反应”，这种在历史上可以追溯到5世纪的建筑形式与伊斯兰的雕刻艺术完美地结合在一起，使得原本气势恢宏的建筑更加精致起来。随着时间的推移，原本相对质朴的古吉拉特建筑发展得愈发华丽，到了莫卧儿帝国时期达到了相对奢华的程度。古吉拉特地区具有代表性的建筑如巴鲁奇贾玛清真寺（Jama Masjid, Bharuch，图3-21）、艾哈迈达巴德贾玛清真寺（Jama Masjid, Ahmedabad）、达达·哈里尔阶梯井（Dada Harir Stepwell）、昌帕内尔贾玛清真寺（Jama Masjid, Champaner，图3-22）等。

图3-21　巴鲁奇贾玛清真寺

总体来看，古吉拉特地区的建筑在伊斯兰风格的基础上提取了大量印度教与耆那教的建筑元素，经历了初期将本土建筑大量转化为自己所需的建筑形式，至中期慢慢探索、进行尝试，再到最后形成新的本土化形式的发展过程。

图 3-22　昌帕内尔贾玛清真寺

2. 恒河中游地区

恒河中游地区是一个泛指的地理概念，其大致的范围从亚穆纳河即德里附近开始一直延伸到西孟加拉邦的东部地区（图 3-23）。这片广袤而肥沃的土地从笈多时代开始诞生了一系列的的城市与文明，其中包括瓦拉纳西（Varanasi）、巴特那（Patna）等历史名城。位于瓦拉纳西附近的江布尔由图格鲁克王朝的菲鲁兹·沙阿于 1359 年

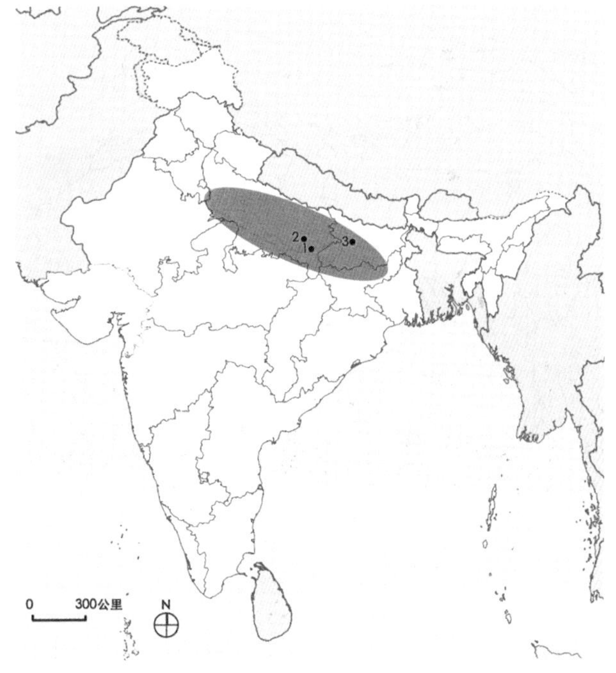

图 3-23　恒河中游地区区域图
1 瓦拉纳西；2 江布尔；3 巴特那

建造，在帖木儿大举入侵德里时开始独立为江布尔苏丹国（Jaunpur Sultanate），并取代德里成为印度的伊斯兰教文化中心。江布尔的很多建筑都被证实是对图格鲁克时期建筑形制的继承和发扬。虽然被地方苏丹统治的时间不长，但江布尔的建筑艺术可谓莫卧儿时代之前印度教和伊斯兰教最为完美的结合[1]。

图 3-24　瓦拉纳西阿亥・坎格拉清真寺

恒河中游地区代表性的建筑有瓦拉纳西阿亥·坎格拉清真寺（Arhai Kangra Masjid，图 3-24）以及江布尔建于 15 世纪的一系列独特的清真寺（图 3-25）。这一地区的清真寺

图 3-25　江布尔贾玛清真寺

1 [印]K M潘尼迦．印度简史[M]．北京：新世界出版社，2014.

建筑中，祈祷室中间有一个大大的伊旺[1]（Iwan），祈祷室上方的屋顶建有相互连接的多个穹顶，这些特征表明其建筑有向中东地区伊斯兰建筑形式靠拢的意向。由中央拱券转化而来的屏墙成为最精华的所在，屏墙被做得巨大而高耸，用来遮挡后面祈祷大殿的主穹顶，颇具古代埃及牌楼的意味。与孟加拉、德干地区以及马尔瓦的建筑形式相比，恒河中游地区的建筑受到当地的影响更大，多采用梁柱的结构形式，建于16世纪初期位于萨萨拉姆（Sasaram）的舍尔沙陵（Sher Shah Suri Tomb）就是最好的例证。

3. 孟加拉地区

孟加拉地区包括现如今的孟加拉国及印度西孟加拉邦（图3–26），是印度斯坦另一个独立的伊斯兰王国，从未真正服从于德里的苏丹们。几乎每一代的德里苏丹都带领远征军去驯服这一东方大省。13世纪初，孟加拉成为德里苏丹国的一部分，后持续被莫卧儿帝国掌控，直到1947年分裂成东孟加拉、西孟加拉两部分。孟加拉地区位于低洼的恒河三角洲地带，雨量充沛，人口密集，多木材，缺少石材和砖等建筑材料。

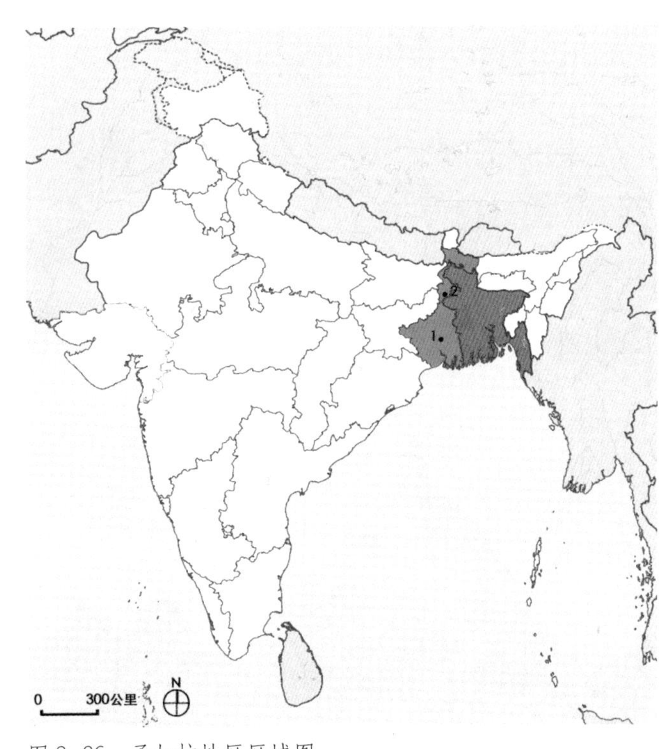

图3–26 孟加拉地区区域图
1 潘杜阿；2 古尔

13世纪70年代，阿迪娜清真寺（Adina Masjid）的建造宣告潘杜阿（Pandua）

1 Iwan，“伊旺”，指长方形的大厅空间，顶部为拱形，三面被围合，一面完全开放，是伊斯兰建筑的典型标志，常用于构成大门或用来强调内部空间的重要性。

成为孟加拉地区新首都的崇高地位（图 3–27）。阿迪娜清真寺高耸的大门标示出祈祷大厅的方向，建筑采用典型的德里苏丹国样式，细部结构和装饰元素应用明显的孟加拉当地寺庙风格。清真寺中史无前例地出现了隧道型拱顶与伊旺结合的形式，这种建筑形式与墙面上的瓷砖装饰以及子祈祷室的应用一起被后来的清真寺传承下来。15 世纪末—16 世纪初，孟加拉地区建筑的最大特色表现在古尔（Gour）地区清真寺屋顶上的一排排小穹顶以及厚实的外墙结构上。

由于多雨，孟加拉许多建筑的屋顶都采取一种向上弯曲的样式以便加快积水的排除，正是这一出发点使得一种优美的屋顶造型产生了，人们将这种屋顶样式称为孟加拉式屋顶（Bengal Roof，图 3–28）。孟加拉式屋顶不仅影响了当地的印度教寺庙，更传播到远在印度西部的拉杰普特地区。

图 3–27　阿迪娜清真寺

图 3–28　孟加拉式屋顶

4. 马尔瓦地区

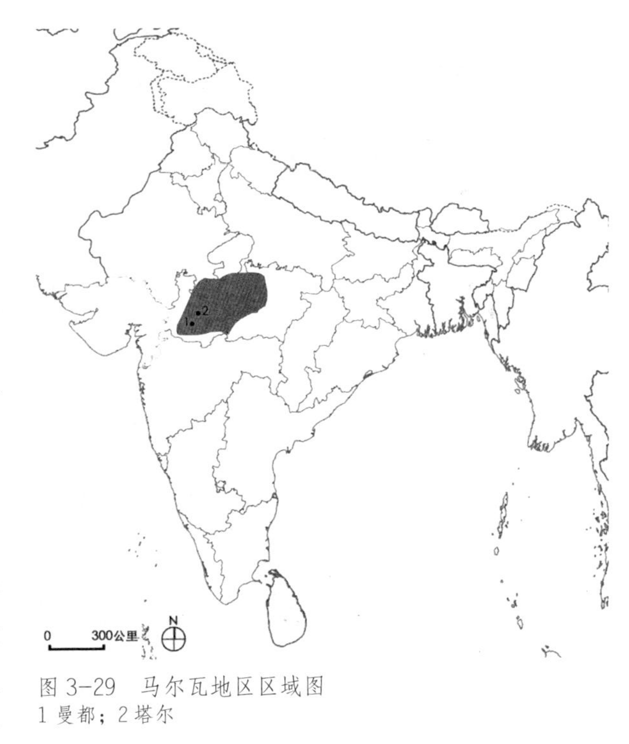

图 3-29 马尔瓦地区区域图
1 曼都；2 塔尔

马尔瓦地区处于印度中央邦西部，位于古吉拉特邦和德里之间，从地理学角度来说马尔瓦高原一般指温迪亚山脉以北的火山高地。在政治和行政上，马尔瓦地区包括中央邦的西部地区以及拉贾斯坦邦东南部的部分地区（图 3-29）。

古代的马尔瓦地区已经是一个独立的王国。1305 年左右，马尔瓦被德里苏丹国征服。在 1401 年帖木儿袭击首都德里后，马尔瓦地区的州长迪拉瓦尔可汗（Dilawar Khan）宣告独立，他的儿子候尚·沙阿（Hoshang Shah）于 1406 年将新王国的首都从原来的塔尔（Dhar）迁移到 35 公里以外的曼都（Mandu），开始了马尔瓦地区的崭新一页。候尚·沙阿本人对于建筑营造比较热衷，新城的建造大量采用了当地生产的砂岩，并且效仿早期图格鲁克时期建筑庄严壮丽的风格。在他的治理之下，马尔瓦地区的穆斯林和印度教教徒有着较融洽的关系，这使得马尔瓦地区的建筑营造以及印度教与伊斯兰教两教之间的文化融合都有着健康的发展。

马尔瓦建筑风格形成于 15 世纪左右，主要集中于塔尔和曼都两座城市，15 世纪初期在曼都营建的贾玛清真寺（Jama Masjid，Mandu）显示出与古吉拉特或者艾哈迈达巴德所不同的建筑风格。马尔瓦地区与周边古吉拉特等地区的关系较为紧张，自身没有太多当地传统建筑的技艺传承，其建筑受到德里早期图格鲁克时期的建筑风格影响较多，但在拱门和巨大穹顶的营造上类似德干地区的结构体系。马尔瓦建筑常建造于高高的台基之上，由多级雄伟的台阶与地平连接，墙体

图 3-30 塔尔卡迈勒穆拉清真寺

图 3-31 钱德里贾玛清真寺

较为粗糙厚重，拱门大多与过梁以及过梁上的托架一起组合而成，内部的穹顶与粗壮的柱子及连系梁一起构成简洁但精美的结构体系。在建筑装饰艺术上，早期采用单纯的石材，不像德干地区那样在建筑表面覆以石膏。到了后期，对于色彩的运用成为其突出的特点。马尔瓦的建造者们将不同颜色的大理石、半宝石、釉面砖组合使用，他们拥有独特的像绿松石一样的蓝色的配置秘方，将其用于建筑之上。该地区典型的建筑实例有塔尔卡迈勒穆拉清真寺（Kamal Maula Masjid，图3-30）、曼都贾玛清真寺、曼都英多拉宫殿（Hindola Mahal）、钱德里贾玛清真寺（Jama Masjid，Chanderi，图 3-31）。

总的来看，马尔瓦地区早期将本地的寺庙拆除转化成清真寺，建筑结构的形式较为简单、优雅。后期在结构上慢慢复杂起来，为满足王公贵族轻松并略带奢华的生活方式的需求，建筑的形式也渐渐丰富了，形成露台、亭阁等建筑类型，还将水体与建筑很好地融合在一起，营造具有良好体验的水景宫殿，这一做法受到了莫卧儿帝国统治者的青睐。

5. 德干地区

德干高原地处印度的中南部，是南亚印度半岛的内陆部分。该区域囊括了马哈拉施特拉邦、安得拉邦（Andhra）、卡纳塔克邦（Karnataka）以及泰米尔纳德邦（Tamil Nadu）的一部分，是著名的熔岩高原（图 3-32）。德干高原地区平均海拔为 600 ~ 800 米，地势呈西高东低的走向，夹在东西两大高止山脉之间，北部的萨特普拉山脉和温迪亚山脉将其与恒河平原分割开来。

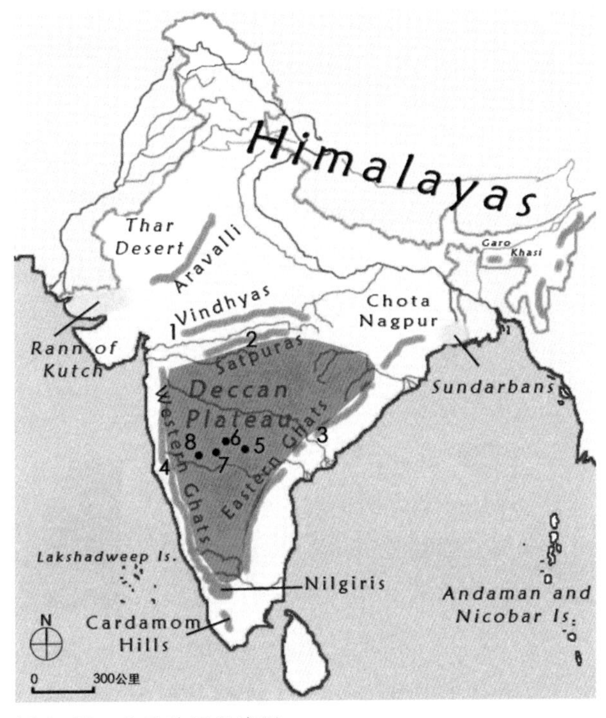

图 3-32　德干地区区域图
1 温迪亚山脉；2 萨特普拉山脉；3 东高止山脉；4 西高止山脉；5 海得拉巴；6 比德尔；7 古尔伯加；8 比贾布尔

德干地区是伊斯兰教文化向南印度传播的重要中心和纽带，在这片土地上吸收着大量波斯以及阿拉伯的外来移民者，先后产生过巴哈曼尼苏丹国和德干苏丹国两个伊斯兰政权，对南印度穆斯林文化的发展有过积极的影响。1347 年，伊斯兰政权巴哈曼尼苏丹国成立，它是德干地区最为强大的两个独立王国之一，另一个是 1343 年建城的维查耶那加尔王国。为争夺领土，巴哈曼尼苏丹国一直同南部的维查耶那加尔王国进行着长久的战争。当巴哈曼尼王朝于 1428 年终结后，整个王朝割裂成比贾布尔（Bijapur）、比德尔（Bidar）、比拉尔（Berar）、艾哈迈德讷格尔（Ahmednager）和戈尔康达（Golconda）五个独立的苏丹国。1565 年，五个苏丹国为了共同的利益联手应敌，将维查耶那加尔王国消灭。此后德干地区各大苏丹国渐渐臣服于莫卧儿帝国。

在德干高原上，当巴哈曼尼苏丹国成立时，阿拉·乌德·丁·沙阿·巴哈曼尼（Ala-ud-din Shah Bahmani）在道拉塔巴德城堡（Daulatabad Fort）内建造了代表伊斯兰力量的昌德高塔（Chand Minar），以此庆祝国家的独立。这座高塔的塔尖及塔身分层的形式让人联想起远在德里的库特卜高塔，但其三层圆形阳台下面带有莲花垂饰的支撑采用当地的建造风格（图 3-33）。1369 年，古尔伯加贾玛清真寺（Jama Masjid，Gulbarga，图 3-34）建造完成。从形式上来看，这座清真寺运用了当时从德里借鉴而来的拱技术，但其祈祷殿上覆盖巨大的穹顶做法在那个时期之后的德里并不多见。该地区的宗教建筑效仿德里苏丹国早期的模式，尤其表现在陵墓建筑的建造上。一开始效仿图格鲁克的建筑风格，陵墓为蹲球状的立方体，墙壁倾斜，后来发展成为双层的立方体结构，高高的穹顶和垂直的墙壁同库瓦特·乌尔·伊斯兰清真寺中的阿莱·达瓦扎类似[1]。1428 年，巴哈曼尼王朝迁都比德尔之后，德干地区的建筑形

图 3-33　昌德高塔细部

图 3-34　古尔伯加贾玛清真寺

1 [英]马库斯·海特斯坦，彼得·德利乌斯．伊斯兰：艺术与建筑[M]. 中铁二院工程集团有限责任公司，译．北京：中国铁道出版社，2012.

式开始受到了帖木儿建筑结构的影响，其最明显的例子反映在马哈茂德·加万宗教学校（Mahmud Gawan Madrasa）对于交叉拱结构以及瓷砖的使用上。从16世纪中叶开始，孟加拉、古吉拉特以及马尔瓦地区都受到莫卧儿帝国的影响，建筑风格发生了改变，而由于德干高原地区特殊的地势和天然的屏障，建筑的样式从14—17世纪晚期都保持了较好的一致性。该地区典型的建筑实例有古尔伯加贾玛清真寺、比德尔马哈茂德·加万宗教学校（图3-35）、海得拉巴查尔高塔（Charminar，图3-36）、比德尔阿里·白瑞德陵（Tomb of Ali Barid）等。

图3-35　马哈茂德·加万宗教学校

图3-36　海得拉巴查尔高塔

小结

本章介绍处于同一时期、同时向前发展的德里苏丹国地区以及区域化苏丹领地在城市和建筑上的发展概况。苏丹国时期是印度一个较为混乱的历史阶段，伊斯兰政权尚未稳定，统治者们通过不断的战争与侵略来巩固自己的政治地位，扩大版图范围。

德里的各位苏丹们以及地方上的君主们都是伟大的城市规划师和建筑设计师，他们在位期间建设了一系列繁荣的城市，如梅劳里城、西里堡、图格鲁加巴德、菲罗扎巴德、曼都、江布尔等，并营造如库瓦特·乌尔·伊斯兰清真寺、吉亚斯·乌德·丁·图格鲁克陵、伊萨汗·尼亚兹陵、江布尔贾玛清真寺等优秀的建筑。这些城市与建筑见证了各自时代的欣欣向荣，同时为后来的莫卧儿帝国的建设提供了大量的范例。

在莫卧儿帝国泰姬·玛哈尔陵（Taj Mahal Tomb）和其他杰出的建筑过于耀眼的光环下，苏丹国时期的印度—伊斯兰建筑艺术的贡献没有得到普遍和足够的认可。印度—伊斯兰的建筑风格是印度教和伊斯兰教艺术精神的完美统一，在艾哈迈达巴德以及江布尔的寺庙建筑中表现尤为清晰[1]。苏丹国时期开创了印度—伊斯兰风格的建筑，伊斯兰教的建筑师们同印度教的工匠们一起，创造出了这段时期丰富多彩的城市与建筑风貌。

1 [印]K M潘尼迦. 印度简史[M]. 北京：新世界出版社，2014.

第四章　莫卧儿帝国时期印度城市与建筑的沿革

第一节　巴布尔统治时期

第二节　胡马雍统治时期

第三节　阿克巴统治时期

第四节　贾汉吉尔统治时期

第五节　沙·贾汗统治时期

第六节　奥朗则布统治时期

强大的莫卧儿帝国共持续统治 181 年（1526—1707），先后经历巴布尔统治时期（1526—1530）、胡马雍统治时期（Humayun，1530—1556）、阿克巴统治时期（1556—1605）、贾汉吉尔统治时期（1605—1627）、沙·贾汗统治时期（Shah Jahan，1628—1658）、奥朗则布统治时期（1658—1707）六个王朝，是已知世界史上最大的中央集权制国家之一。至 17 世纪晚期，莫卧儿帝国统治着印度次大陆的大部分地区（320 万平方公里）的 1 亿～1.5 亿人口，可以与莫卧儿皇帝拥有的疆土和臣民比肩的，唯有与其同时代的中国大明皇帝统治下的疆土和臣民[1]。

第一节　巴布尔统治时期

莫卧儿帝国的开国皇帝巴布尔是具有蒙古血统的突厥人，他是帖木儿的直系后裔，母亲是成吉思汗的远亲。巴布尔既受到波斯文化的熏陶，也受到北方强敌乌兹别克人尚武精神的影响，可谓文武兼修[2]。1526 年，一直驻扎在阿富汗喀布尔的巴布尔挥兵向德里进攻，在帕尼帕特战役中以 12 000 人的精锐部队战胜了洛迪王朝易卜拉欣的 10 万大军，顺利坐上王位，夺取了德里苏丹国的领地，建立莫卧儿帝国（图 4–1）。攻下德里后，巴布尔派他的儿子胡马雍攻打前朝洛迪的

图 4–1　巴布尔入侵前夕的印度
1 德里；2 阿格拉

1 [美]约翰·F 理查兹．新编剑桥印度史：莫卧儿帝国[M]．王立新，译．昆明：云南人民出版社，2014.

2 [德]赫尔曼·库尔克，迪特玛尔·罗特蒙特．印度史[M]．王立新，周红江，译．北京：中国青年出版社，2008.

都城阿格拉，将其夺取过来，并将新的都城安置在那里。

巴布尔在巩固政治地位的同时进行了一些营造活动，建造水井、花园和清真寺，除此之外没有其他留存下来的建筑。在回忆录中巴布尔这样描述自己的建筑抱负：喜爱和谐对称的建筑品质，喜爱流水、花园以及举行盛宴的地方，帝王的宝座设在露天华丽的地毯上，并覆以装饰丰富的华盖[1]。巴布尔生前分别在喀布尔以及阿格拉建造过属于自己的花园，阿格拉的花园叫做拉姆巴格（Ram Bagh），至今仍留存在亚穆纳河岸边（图 4–2）。拉姆巴格是目前最古老的印度莫卧儿式花园，于 1528 年建造，采用典型的波斯花园的布局形式，内部由水渠和人行道进行分割，代表着伊斯兰理想的天堂花园。虽然这座花园后来被重新翻建过，但是布局仍维持原样。这座花园反映了巴布尔的建筑理想。

图 4–2　阿格拉的拉姆巴格卫星图

1530 年 12 月，一生戎马的巴布尔在终于可以享受自己奋斗成果的时候去世了，距离建造完成拉姆巴格仅两年的时间。巴布尔的遗体在拉姆巴格短暂停留之后被运回喀布尔，安葬在生前最爱的山麓花园之中。百年之后，莫卧儿皇帝沙·贾汗在此建造了一座清真寺以纪念这位伟大的开国皇帝。

第二节　胡马雍统治时期

1530 年巴布尔死后，他的儿子胡马雍继承王位，时年 23 岁。当时国家的局势可谓内忧外患，莫卧儿帝国面临着生死存亡。位于印度东方的独立的苏丹王国孟加拉，联合具有领袖才能的舍尔沙[2]（Sher Shah），分别于 1539 年、1540 年两

1 [英]马库斯·海特斯坦，彼得·德利乌斯. 伊斯兰：艺术与建筑[M]. 中铁二院工程集团有限责任公司，译. 北京：中国铁道出版社，2012.

2 也翻译为“舍尔汗”，“沙”为波斯语，“汗”为蒙古语，都是皇帝之意。

次挫败胡马雍。胡马雍在战败后落荒而逃，过着颠沛流离的逃亡生活，这一逃就是15年。

1539年年底，舍尔沙在击败胡马雍后自立为王，建立苏尔王朝政权。舍尔沙将政权中心定在德里，重建了行政机构，并将之前胡马雍建造的城堡摧毁，在其基础上建设属于自己的城堡——舍尔嘎城（Shergarh），史称德里的第六座城堡（图4-3）。这座城堡位于德里苏丹国图格鲁克王朝菲罗扎巴德城堡的南部，具有一定规模，但如今几乎只余空壳，除了两扇城门、一圈围墙外仅有一座清真寺可以向世人彰显这座城堡昔日的辉煌。清真寺名为奇拉·伊·库纳清真寺（Qila-i-Kuhna Mosque，图4-4），由舍尔沙在1541年建于城堡之内，作为城堡内的贾玛清真寺使用，是早期莫卧儿建筑风格的典型实例。虽然建筑的体量一般，但很有气势，色彩运用大胆，装饰细节做得也很精美（图4-5），甚至有人认为，莫卧儿帝国中期的许多建筑都可以从舍尔嘎城堡内杰出的清真寺上找到影子。舍尔沙在比哈尔邦的萨萨拉姆为自

图4-3 德里舍尔嘎城区域图

图4-4 舍尔嘎城堡内的奇拉·伊·库纳清真寺

图 4-5　舍尔沙陵主体

己建造的陵墓，它是胡马雍统治时期最耀眼的建筑。整座陵墓像一幅水墨画般坐落在湖水中央，浸透着淳朴、安宁的美感。可以看出，胡马雍时期城市与建筑的发展中贡献最大的就是舍尔沙，正是他的建设活动为印度莫卧儿时期的建筑奠定了良好的基础。

1555 年，舍尔沙去世后的第二年，胡马雍在波斯军队的帮助下从喀布尔出发，打败当时不堪一击的苏尔军队，带着妻子和儿子阿克巴回到德里，重新掌握了帝国的统治权。然而，他和他的父亲同样命运不济，次年胡马雍从德里藏书楼的楼梯上摔了下来并不治身亡，享年 48 岁，匆匆结束了命运坎坷的一生。

第三节　阿克巴统治时期

1556 年，年仅 13 岁的少年阿克巴继承了父亲胡马雍的王位，成为莫卧儿帝国时期第三位统治者，正是在他的统治期间，印度莫卧儿时期建筑营造的春天到来了。

即位时的阿克巴面临着 1530 年父亲继承王位时同样的困境，历史是何其的相似。幸运的是，阿克巴有一位才能出众的摄政王辅佐，在他的指引和帮助下，阿克巴成长为一位英明的皇帝，并巩固了莫卧儿帝国在印度北部的地位。当阿克巴亲政时，莫卧儿的版图范围西至旁遮普和恒河流域，东至孟加拉国苏丹领地的边境，南达瓜廖尔（Gwalior）附近。经过一系列的征战，阿克巴征服吞并了马尔瓦及其南部地区、孟加拉国的苏丹领地（图 2-8），对印度教及其教徒采取怀柔政策，基本统一了印度。在政权渐渐稳定时，阿克巴开始了莫卧儿帝国伟大的建设活动。

阿克巴在位期间首先修建了父亲的陵墓，23岁时和他的母亲一起共同主持胡马雍陵的建造。胡马雍陵由红色砂岩和白色大理石建成，选址于红色砂岩的高台之上，建筑风格采用波斯式，八角形墓室平面、双重穹顶结构，同时融合了一些印度教的艺术风格在其中（图4–6）。胡马雍陵开创性地将莫卧儿人钟爱的园林艺术与陵墓这种建筑形式完美地结合在一起，为沙·贾汗统治时期建造的泰姬·玛哈尔陵墓提供了原形。

图4–6　胡马雍陵主体

图4–7　法塔赫布尔·西克里城堡内景

在修建父亲胡马雍的陵墓的同时，阿克巴也在紧锣密鼓地筹备将他的资产转移至阿格拉，并着手在那里建造新的城堡，即阿格拉城堡（Agra Fort）。阿克巴用了八年的时间将城堡的防御工事修建完成。在城堡快完工时，苏菲圣人萨利姆·奇什蒂（Salim Chishti）预言阿克巴将与他拉杰普特的妻子在西克里生下儿子，也就是后来王朝的继承人贾汉吉尔。预言实现后，阿克巴草草地结束了阿格拉城堡的工程，全身心地投入法塔赫布尔·西克里城堡的建造中去，仅用三年时间就将城堡大致建好，速度迅猛。阿克巴立即迁都于西克里，一边使用一边继续扩建（图4–7）。法塔赫布尔·西克里城堡全部用红色砂岩建造，内部包含了宫殿、亭阁、陵墓、清真寺、水池等众多工艺精湛的建筑物，融合了伊斯兰教与印度教的元素在内。特别是城堡中私人会客大厅内部的中央巨柱，在建造过程中应用多种宗教建筑元素于一体，较好地反映了阿克巴支持的宗教融合精神（图 4-8）。1585 年，由于缺乏生活用水，阿克巴放弃了西克里的都城，转移至拉合尔，并成功地将莫卧儿帝国的权力施加于整个印度西北地区。阿克巴在拉合尔同样修建了防御性的城堡——拉合尔城堡（Lahore Fort），以便更好地防御来自西北边界的入侵。皇室的主要成员包括阿克巴的母亲仍然居住在西克里，阿克巴的儿子贾汉吉尔也于 1619 年在西克里居住了一段时日。

图 4-8　法塔赫布尔·西克里城堡私人会客大厅中央巨柱

至 1585 年，阿克巴关于莫卧儿帝国政治威严的建筑营造活动基本告一段落，转而要求各省的总督将相关的莫卧儿帝国风格的营造工程继续下去，如孟加拉和江布尔等地。1599 年，为了更好地牵制德干地区，阿克巴将自己晚年的生活地迁回阿格拉，一直居住到 1605 年去世，其王位由贾汉吉尔继承。此时，莫卧儿帝国已经成为印度次大陆上首屈一指的国家。

第四节　贾汉吉尔统治时期

17 世纪是世界历史上的一个重要时期，很多国家正值盛世之时，印度也不例外。相比于前 1 000 年，这一时期印度的社会和政治环境更为安定、繁荣，文学、建筑、音乐、绘画等艺术形式也都达到一个崭新的高度。

贾汉吉尔是阿克巴的长子，原名萨利姆（Salim），继承王位之后，他将自己的名字改成贾汉吉尔，意思是“世界的征服者”。他没有父亲的雄才大略，但是一位称职的领袖。贾汉吉尔延续父亲怀柔的政治策略，加强了拉杰普特人的同盟关系，收复乌代布尔（Udaipur）地区，并继续向德干高原以及印度南部施压。在位期间，贾汉吉尔对波斯美人努尔·贾汉（Nur Jahan）一见钟情，娶之为妻，她的到来为莫卧儿皇宫引入了更多的波斯文化。由于贾汉吉尔的身体欠佳，从1613年开始，莫卧儿帝国的政权实际上由皇后努尔·贾汉掌控长达14年之久，她的父亲也成为帝国的首相。在努尔·贾汉执政期间，她女性独有的审美品位给贾汉吉尔时期的建筑风格带来了积极的影响。

贾汉吉尔在统治期间，没有建造新的都城，而将阿格拉作为帝国的中心。贾汉吉尔营造的第一个建筑是父亲的陵墓——阿克巴陵（Akbar's Tomb）。阿克巴陵位于阿格拉西北的西根德拉（Sikandra），是标准的莫卧儿式陵园，建筑与花园里的喷泉、水渠、草地和谐地安排在一起，相映成趣，较好地隐喻了伊斯兰教中天堂的概念[1]。

贾汉吉尔在位时，国家的财政收入有很大一部分来自于贸易往来，因此在从孟加拉至旁遮普地区的商业路线上，贾汉吉尔建造了大量旅馆、水井、塔楼等建筑，方便商人途中使用（图4-9）。

图4-9　商队旅馆

1　[英]马库斯·海特斯坦，彼得·德利乌斯．伊斯兰：艺术与建筑[M].中铁二院工程集团有限责任公司，译．北京：中国铁道出版社，2012.

贾汉吉尔对建筑强烈的兴趣促使他规划了4座美轮美奂的露天花园——夏利马尔花园（Shalimar Bagh）、阿查巴尔花园（Achabal Bagh）、弗纳格花园（Vernag Bagh）和尼沙特花园（Nishat Bagh）。尽管这些花园规模宏大，但其样式和图案展现出令人心醉的精致优雅和错落有致，对于流水、池塘、凉亭、遮阴树以及花草灌木栽种的应用都独具匠心，甚至在今日仍堪称典范[1]。

1627年，贾汉吉尔在访问克什米尔途中病重身亡，努尔·贾汉随即退位。退位之后，努尔·贾汉在阿格拉城堡的河对岸主持修建了一座精美的陵墓——伊蒂默德·乌德·道拉陵（Tomb of Itmad-ud-Daulah）以纪念自己的双亲。这座陵墓主体用大量的白色大理石、宝石及半宝石修建而成，从远处看好似一个象牙材质的珠宝盒，异常华美。它的建造标志着莫卧儿帝国建筑最为奢华的时期开始了。

总体看来，贾汉吉尔统治时期营造的建筑虽然在数量上不及阿克巴时期，但在质量上却略胜一筹，他所在的时代正好见证了莫卧儿建筑由前代王朝雄浑的风格向后期王朝精致优美的风格转型，因此而功不可没。

第五节　沙·贾汗统治时期

1628年初，莫卧儿帝国第五任皇帝沙·贾汗即位，这位印度次大陆上最重要的统治者控制了广袤的土地、强大的军事力量以及巨大的财富。在其统治印度的30年内，莫卧儿帝国的政权力量和艺术文明达到顶峰，他所统治的时代被誉为印度文明最为繁荣的黄金时代。他以强硬的扩张策略征服了德干地区的艾哈迈德讷格尔，并加强了对其他两个相邻的穆斯林王国——比贾布尔和戈尔康达的征伐。

即位之后，沙·贾汗开始在阿格拉城堡内进行翻建和增建，用镶嵌半宝石的白色大理石建筑取代原有的红色砂岩建筑，建造了阿格拉城堡内部精美的公众接见大厅、珍珠清真寺（Moti Masjid）以及河岸边的八角塔（Musamman Burj）。沙·贾汗还为心爱的皇后泰姬·玛哈尔在亚穆纳河边修建了世界上最美的一座陵墓——泰姬·玛哈尔陵，以纪念两人忠贞不渝的伟大爱情。

1648年，厌倦了阿格拉的沙·贾汗率领全部皇室成员和军队将首都迁至德里，在原德里苏丹国图格鲁克王朝时期的菲罗扎巴德城堡内部，修建了一座属于

1 [美]约翰·F理查兹．新编剑桥印度史：莫卧儿帝国[M]．王立新，译．昆明：云南人民出版社，2014.

自己时代的城堡——沙贾汗纳巴德（Shahjahanabad，图 4–10），史称德里第七城，也就是今天印度的旧德里。这座新城于 1659 年建成，位于亚穆纳河西岸，四周由城墙环绕。沙·贾汗在新城的东侧建造了一座全新的城堡——红堡（Red Fort），在红堡内部建造了精美绝伦的莫卧儿宫殿建筑群，在红堡不远处修建了一座巨大的清真寺——德里贾玛清真寺（Jama Masjid，Delhi）。此外，沙·贾汗还扩建了拉合尔城堡，在拉合尔古城的东面兴建瓦齐尔汗清真寺（Wazir Khan Masjid），并于 1641—1642 年将之前父亲在克什米尔建造的夏利马尔花园进行了扩建。

图 4–10　德里沙贾汗纳巴德区域图

莫卧儿统治者都是杰出的建筑师，沙·贾汗是他们之中尤为卓越的一位。沙·贾汗统治前一百年安定的政治环境和繁荣的经济发展，使得莫卧儿帝国成为当时最为富裕的国度之一，正是这样的时代背景，才使得沙·贾汗尽情享受着建筑营造的乐趣。

第六节　奥朗则布统治时期

奥朗则布是莫卧儿帝国最后一位皇帝，1658 年，在废除了父亲沙·贾汗的统治权、杀害自己的兄长后，奥朗则布于阿格拉即位。奥朗则布是一位极为虔诚的正统穆斯林，他将自己看做穆斯林君主的典范，认为坚持伊斯兰教至上是一位穆斯林君主应尽的职责，尽可能多地让非穆斯林改宗伊斯兰教是其最终目的。在他统治的 48 年里，他执行了一系列的反对印度教的国家政策，将大部分的时间都耗用在征战上。他去世时，已然将莫卧儿政权的版图再次延伸到印度次大陆的最南端。

奥朗则布本人并不热爱建筑和艺术，在他统治期间，莫卧儿帝国的建筑营造活动开始走下坡路。他不仅对建造城堡宫殿不感兴趣，还下令将先辈们不辞辛苦创造出来的建筑精品上有关异教的建构全部摧毁。在为数不多的建筑营造活动中，奥朗则布摒弃了奢华的装饰，将建筑回归本源，使用低廉的材料、简单的工艺，尽显一名伊斯兰教清教徒的偏执和冷漠。

奥朗则布统治期间的主要营造活动有拉合尔巴德夏希清真寺（Badshahi Mosque，图 4-11）和他为妻子在奥兰加巴德（Aurangabad）修建的拉比亚陵（Rabia's Tomb，图 4-12）。前者和莫卧儿时期其他清真寺相比显得呆板、拘谨，后者虽仿照前人的泰姬·玛哈尔陵修建，但所使用的材质、建筑设计的比例、施工的工艺都不可与之同日而语，被人们嘲笑地称做“穷人的泰姬·玛哈尔陵”。

1707 年，奥朗则布去世，此后莫卧儿帝国渐渐解体，莫卧儿帝国伟大的建筑营造也就此终结。他死的时候是一个失败者，事实上是印度统一的牺牲者，他所希望建立起来的统一政权并不是先人阿克巴预见的民族国家的统一，而是伊斯兰教国家的统一，即一个少数的征服民族对印度的统治[1]。

图 4-11　巴德夏希清真寺

图 4-12　拉比亚陵

1 [印]K M潘尼迦．印度简史[M]．北京：新世界出版社，2014.

小结

本章详细介绍了莫卧儿帝国时期前后六个王朝的兴衰起落，以及城市和建筑方面的发展历程。莫卧儿帝国是印度伊斯兰时期最为辉煌的时代，王朝的君主们在巩固政权、稳定扩张版图的同时，积极施行怀柔政策，妥善处理同周围以印度教为首的其他宗教和民众的社会和宗教关系，大力促进了伊斯兰教文化同印度教文化的融合。

莫卧儿帝国的无比富有使得苏丹们能够建造出精美非凡的建筑，设计出世界各地游客都前来观赏的花园，甚至建造整座崭新的城市。法塔赫布尔・西克里城是阿克巴大帝作为皇都而建造的新兴城市，这座城市及其内部丰富的建筑物都被较好地保存下来，成为印度教和伊斯兰教建设风格大融合的典范。红堡、德里贾玛清真寺、伊蒂默德・乌德・道拉陵、泰姬・玛哈尔陵等精美卓绝的建筑，也成为莫卧儿时期最具代表性的建筑物而永存于世。克什米尔、拉合尔等地的莫卧儿花园以及胡马雍陵、泰姬・玛哈尔陵内部精致的园林艺术，则体现了莫卧儿的君主们富有内涵的审美理念和极高的艺术修养。

莫卧儿建筑的主要灵感来自于帖木儿、苏丹王国以及印度。帖木儿和苏丹王国建筑及其他地区（尤其是波斯）的伊斯兰建筑具有明显的共通性，因为早在莫卧儿人来到印度之前，苏丹王国的建筑师就一直依赖印度的建筑技术。所以，这不是三个完全分离的传统，而是一个莫卧儿人采用多种技术在内的大熔炉。莫卧儿人清楚地了解这三个参考点，在选择基本形式和规划时遵循印度先前穆斯林统治者设下的前例。有时他们强调想要的特殊出身，让设计颇有帖木儿的影子，但在过程当中借鉴当地的文化和技术 。

第五章　印度伊斯兰时期城市实例

第一节　大型城市

第二节　中小型城市

第一节 大型城市

1. 德里

德里的全称为德里国家首都区，字面意思为“门槛”，位于印度北部、恒河最大支流亚穆纳河的西岸，是仅次于孟买的印度第二大城市，城市面积 1 483 平方公里，城市人口 1 783 万（2014）。德里的北边是喜马拉雅山脉，西面是印度河流域，东面是广阔的恒河流域，处于东西交通的咽喉地带，是兵家必争之地。德里最主要的职能是作为全国的政治中心管理国家，德里同时也是著名的金三角旅游线路中的一座主要城市。首都德里分为旧城和新城两个部分，新德里位于老城区的南部，是一座较为年轻的城市，于 1911 年开始建造，建筑部分于 1931 年完工，与旧城隔着一座德里门。新旧德里同在一片土地上，但是两者之间的贫富和环境差异却有着天壤之别（图 5–1）。

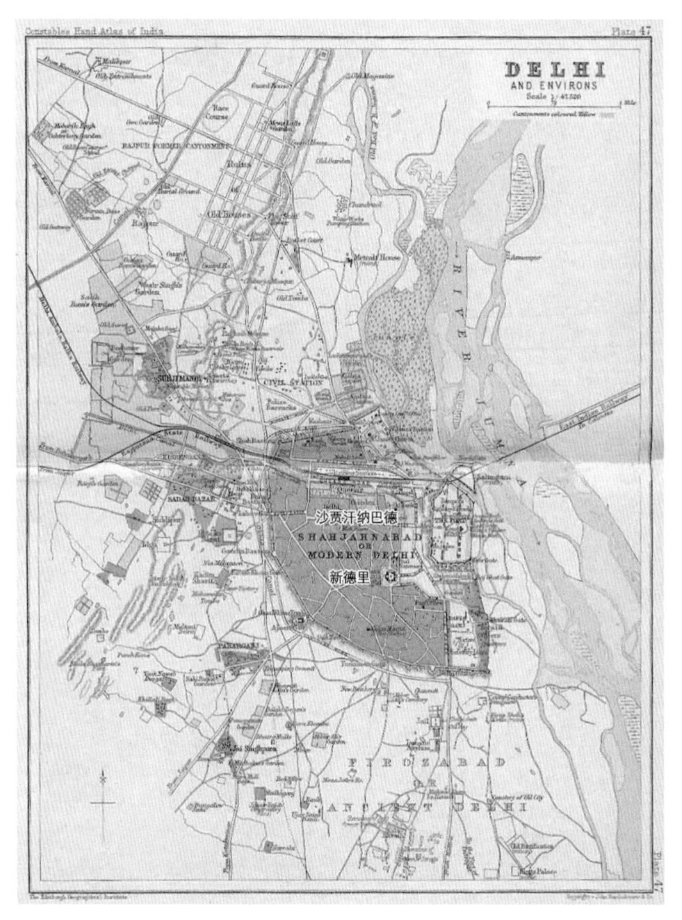

图 5-1 德里地图

德里具有非常悠久的历史，是数个帝国的首都，最早的建筑遗迹可以追溯到公元前 300 年的孔雀王朝时期。12 世纪末，库特卜·乌德·丁·艾巴克攻占德里，建立了印度第一个正式的伊斯兰政权。从1206年起，德里进入德里苏丹国时期，先后经历了奴隶王朝时期（1206—1290）、卡尔吉王朝时期（1290—1320）、图格鲁克王朝时期（1320—1414）、萨伊德王朝时期（1414—1451）和洛迪王朝时期（1451—1526）。1526年，巴布尔入侵印度经帕尼帕特战役击溃德里洛迪王朝的阿富汗军队，建立莫卧儿帝国，进入莫卧儿帝国时期，先后经历了巴布尔统治时期（1526—1530）、胡马雍统治时期（1530—1556）、阿克巴统治时期（1556—1605）、贾汉吉尔统治时期（1605—1627）、沙·贾汗统治时期（1628—1658）、奥朗则布统治时期（1658—1707）。在此之后，德里渐渐被英国东印度公司掌控。

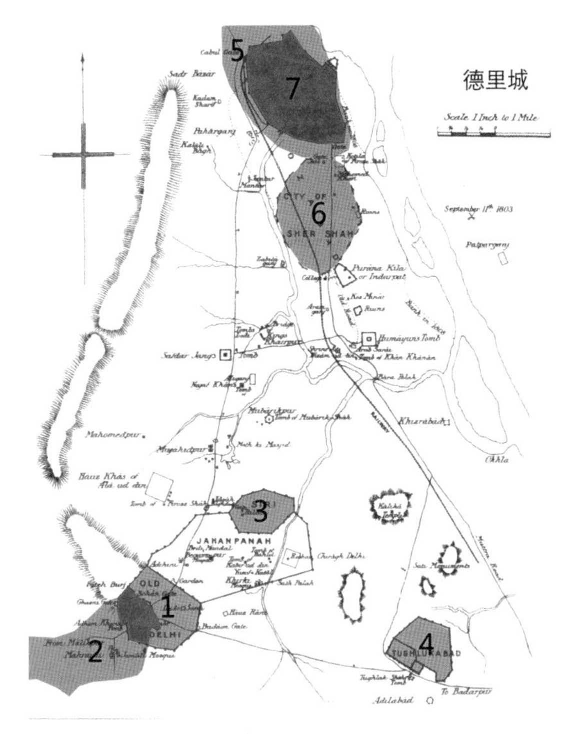

图5-2　德里七城分布图
1拉莱皮瑟拉；2梅劳里城；3西里堡；4图格鲁加巴德；
5菲罗扎巴德；6舍尔嘎城；7沙贾汗纳巴德

从德里苏丹国开始到莫卧儿帝国灭亡，统治者在自己掌权期间先后分别在德里构筑了7座不同的城市，史称德里七城（图5-2）。

第一城为拉莱皮瑟拉城（Qila Rai Pithora），由12世纪印度兆汉王朝的国王普里特维拉贾·兆汗（Prithviraj Chauhan）从8世纪的拉尔科特城（Lal Kot）扩建而来。第二城为梅劳里城，由库特卜·乌德·丁·艾巴克开创印度伊斯兰政权时建立，这座城市将之前印度教的城市夷为平地，用废墟上的石材建造了雄伟的清真寺和库特卜高塔，正是从这座城市开始，印度正式进入伊斯兰统治时期。第三城为西里堡，是卡尔吉王朝时期的阿拉丁·卡尔吉在梅劳里城的东北部建造的新首都，其中修建有皇家水池为整座王城供水。第四城为图格鲁加巴德，在德里苏丹国期间，由图格鲁克王朝的吉亚斯·乌德·丁·图格鲁克于夺取政权后建立。第五城为菲罗扎巴德，城址位于亚穆纳河边，由图格鲁克王朝的第三代苏丹菲鲁兹·沙阿·图格鲁克新建。第六城为舍尔嘎城，是阿富汗苏尔王朝的舍尔沙打败胡马雍后在德里建造的新都城。第七城为沙贾汗纳巴德，即今天德里的旧城（图 5-3），在莫卧儿的鼎盛时期由君主沙·贾汗新建。沙贾汗纳巴德是一座精心设计的宫廷城市，内部的城堡——红堡位于亚穆纳河边，城堡外围有一圈高大的红色砂岩城墙保护着（图 5-4）。城堡西南方的小山丘上伫立着一座雄伟的贾玛清真寺，其规模之大使其成为与城堡比肩而立的标志性建筑。城堡西侧的拉合尔门向外延伸出一条建有拱廊的宽敞街道，两侧排列着 1 500 多家店铺，这是当时最主要的一条干道。沙·贾汗统治时期，两岸绿树成荫的运河穿过街道形成广场，在晚上美丽的月色照映下生成动人的景色，因此被美誉为月光广场（Chandni Chowk），这条街道则被誉为“月光街”。街道的尽头矗立着建于 17 世纪中叶的法塔赫布里清真寺（Fatehpuri Masjid），其得名于沙·贾汗的一位王妃。另一条主干道则由城堡的德里门向南延伸，有 1 000 多米长，两侧也分布了商业以及清真寺、旅馆、公共浴室等建筑。沙贾汗纳巴德城的其余部分被运河和中央大道分

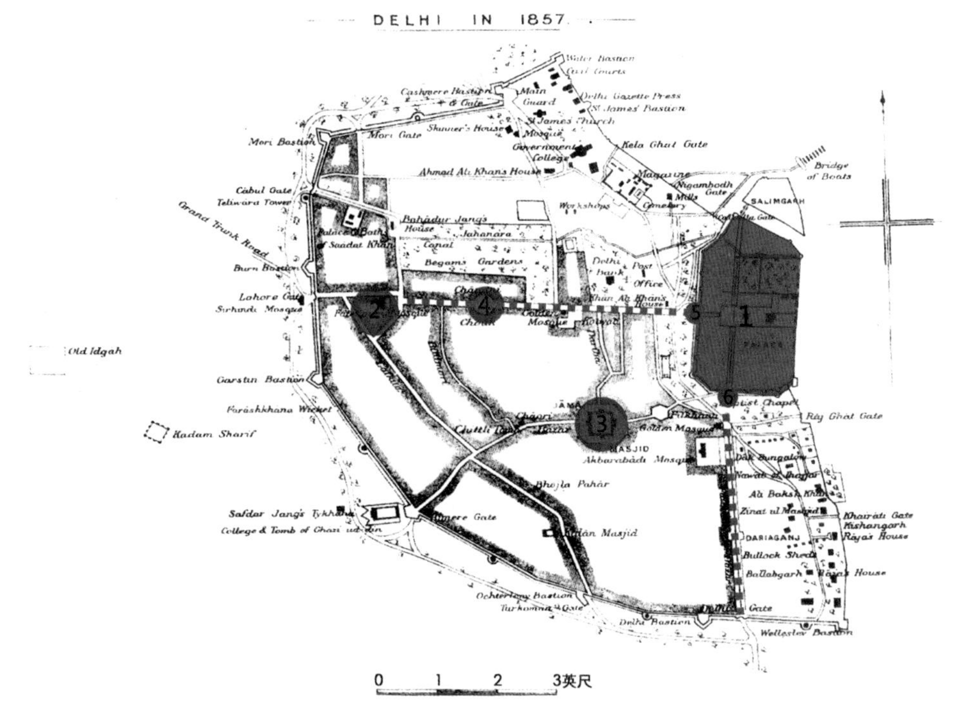

图 5-3 沙贾汗纳巴德平面图

1 红堡；2 法塔赫布里清真寺；3 贾玛清真寺；4 月光广场；5 拉合尔门；6 德里门

割成由贵族、清真寺、花园构成的街区。每天，伊斯兰世俗和宗教生活的公共活动都在这座大城市的市集、浴室、旅馆、花园和清真寺中进行着，使得这座城市好似一个伟大的帝国跳动着的心脏[1]。

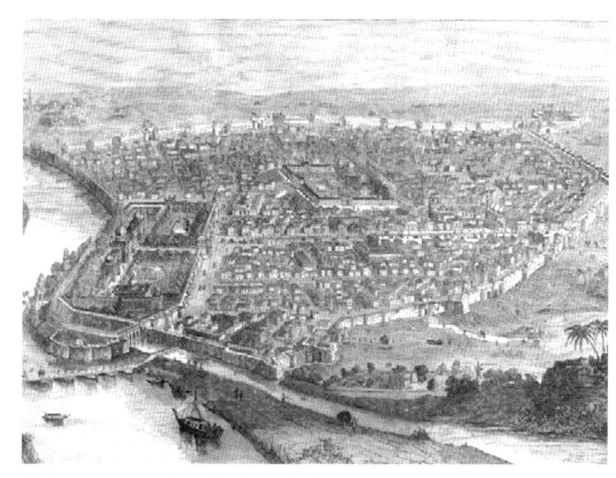

图 5-4 沙贾汗纳巴德鸟瞰图

现如今，在上述的7座城市之中，只有最后一城维持并发展下来，其他城市都已成为废墟或者被保护起来作为遗址公园。沙贾汗纳巴德是现在德里旧城的所在，很多居民依然生活在其中。几百年来，沙·贾汗纳巴德经历了巨大的变化，一些老建筑被拆除或根据商业功能重新分割，商业已经渗透进巷弄内街（图 5-5）。

图 5-5 德里旧城内住宅区

德里留下了许多伊斯兰统治时期的精美建筑遗迹，让世人一起见证着这座古老城市的历史与伟大。红褐色砂石建造的德里红堡、雄伟的德里贾玛清、莫卧儿时期第二任皇帝胡马雍的陵墓等等，这些遗迹集中体现了伊斯兰建筑风格在德里地区产生的深远影响。

2. 阿格拉

阿格拉是印度北方邦西南部的一座古老的旅游城市，以古迹著称，拥有伟大

1 [美]约翰·F理查兹.新编剑桥印度史：莫卧儿帝国[M].王立新，译.昆明：云南人民出版社，2014.

的艺术成就，流传着刻骨铭心的爱情故事。阿格拉位于亚穆纳河西岸，距德里200公里，城市面积188.4平方公里，城市人口116万（2008），使用语言为印地语和乌尔都语，是著名的金三角旅游线路城市之一。1526—1658年这段时间里，阿格拉始终是莫卧儿的都城（图5-6）。

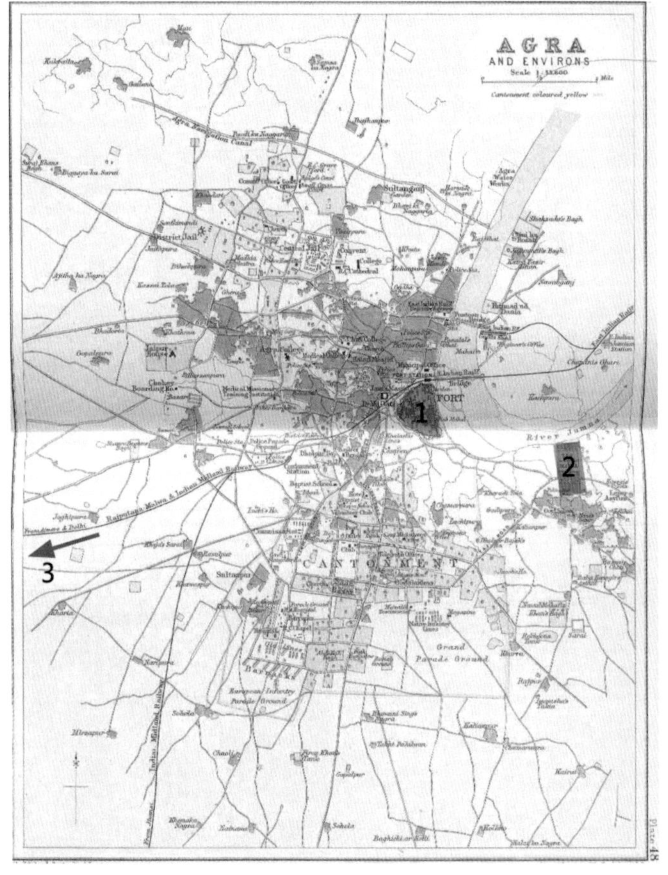

图5-6 阿格拉地图
1阿格拉城堡；2泰姬·玛哈尔陵；3法塔赫布尔·西克里城堡方向

苏丹希坎达尔·洛迪是第一位把首都从德里迁至阿格拉的皇帝，1517年去世后，他的儿子易卜拉欣·洛迪又在阿格拉掌权9年，直至1526年在帕尼帕特战役中战败。随着莫卧儿帝国的到来，阿格拉进入它的黄金时期。作为莫卧儿帝国的创始者，巴布尔皇帝在亚穆纳河河岸建造了第一个正式的波斯式花园。阿格拉渐渐成为当时的文化、艺术、商业以及宗教中心，许多重要的堡垒、陵墓都修建于这一时期。1648年，沙·贾汗在德里新建了沙贾汗纳巴德后将首都迁回德里，十年之后他的儿子奥朗则布在阿格拉即位。

莫卧儿帝国时期，统治者们在阿格拉进行了大量的建筑活动，其中最重要的是举世闻名的泰姬·玛哈尔陵。整座陵园富含光塔、水池、花园，主体陵墓由白色大理石砌筑。泰姬·玛哈尔陵由莫卧儿王朝第五代皇帝沙·贾汗建造，见证了沙·贾汗和他的妻子忠贞不渝的爱情。位于亚穆纳河大转弯处的除了泰姬·玛哈尔陵，还有莫卧儿帝国的皇宫阿格拉堡，两座建筑相距 2 公里，矗立在亚穆纳河两岸俯瞰着涛涛河水。这两座建筑与坐落在阿格拉西南方 35 公里的山上、由莫卧儿帝国第三任国王阿克巴建造的法塔赫布尔·西克里城堡一起，被联合国教科文组织评定为世界文化遗产。除此以外，阿格拉还有阿克巴陵和伊蒂默德·乌德·道拉陵等古迹，都体现出伊斯兰统治时期建筑艺术的水平。

3. 斋浦尔

斋浦尔是印度北部拉贾斯坦邦的首府，也是拉贾斯坦邦最大的城市，还是一座旅游古城以及珠宝贸易中心，位于新德里西南 250 公里处。城市面积 645 平方公里，城市人口 335 万（2014），使用语言是拉贾斯坦语和印地语。整座城市的平面依据棋盘方格式规划，城市内部到处充斥着粉红色的建筑，体现了印度本土建筑艺术与伊斯兰风格建筑融合的美感，因此也被人们称做“粉红之城”，成为著名的金三角旅游线路城市之一。斋浦尔和德里一样，分为新旧两个城区，粉红色的历史建筑被很好地保存在旧城之内，围合旧城的城墙上开有若干座城门，十字交叉的路网将宫殿环绕在了城市中央（图 5-7）。

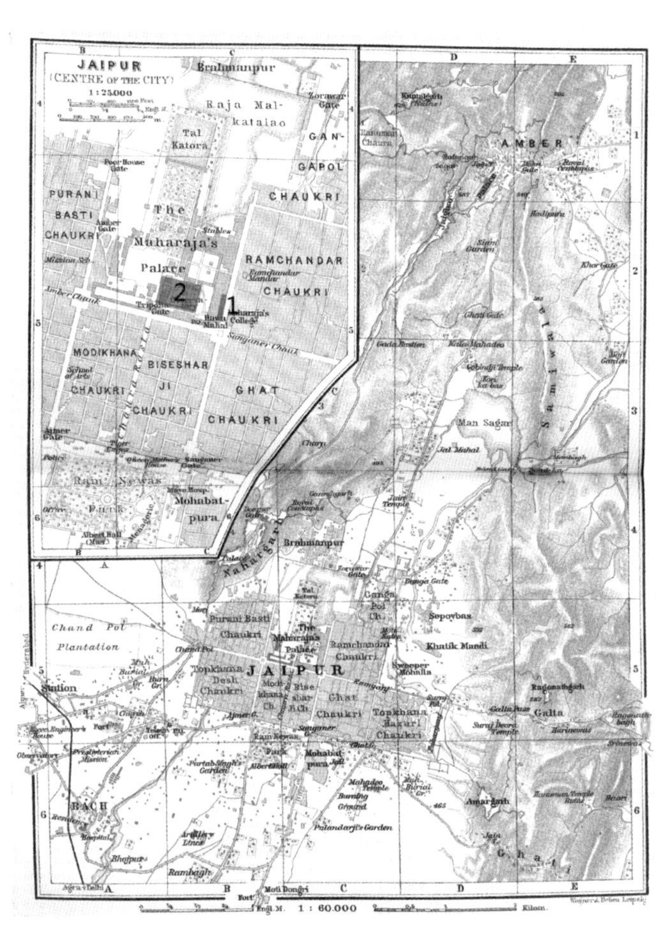

图 5-7　斋浦尔地图
1 风之宫殿；2 简塔·曼塔天文台

斋浦尔成立于1727年，由300年前莫卧儿皇帝奥朗则布最重要的庭臣萨瓦伊·杰伊·辛格二世（Sawai Jai Singh Ⅱ）规划修建，时至今日，斋浦尔仍是印度最美丽的城市之一。这座城市不同寻常之处在于有规律的城市道路体系及排水系统。整座城市由纵横宽34米的街道分割成六个800米见方的区域，再由路网进一步细分。每个街区都规定专属行业，充满了大大小小的市集。六个区域中有五个围绕在中心宫殿的东面、南面、西面，而第六个直接面向东方（图5-8）。王宫南面的东西向大道被称为王道，王道的东城门叫做太阳门，对应的西城门叫做月亮门。与王道垂直的是一条从王宫南面中央门通向南面新门的主要通道，这条道路是在后期的建设过程中加建的，向北面延伸，经过王宫的宫廷寺院、莫卧儿庭院，一直抵达城北蓄水池的中央，成为整个规划的中央轴线[1]。

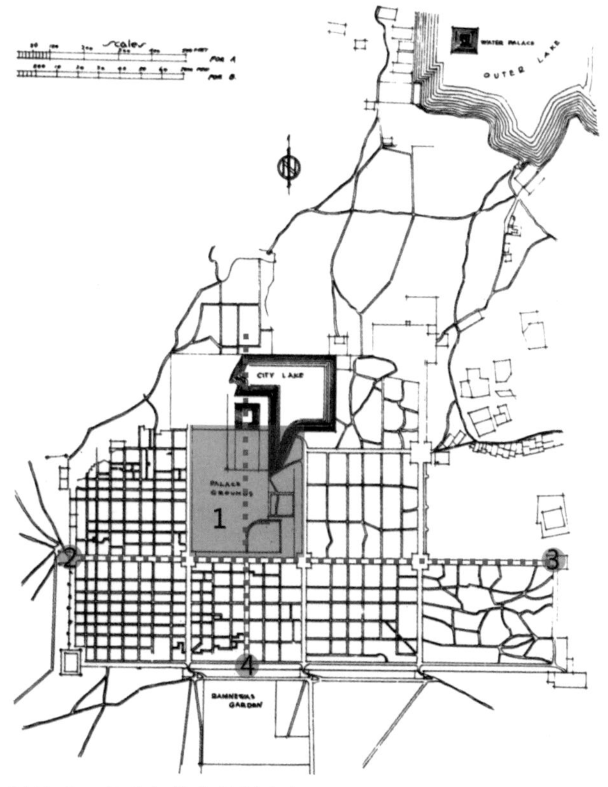

图5-8　斋浦尔城市规划分析图

1中心宫殿；2月亮门；3太阳门；4新门

1782年，对天文学异常热衷的萨瓦伊·杰伊·辛格二世下令打造五座天象观测站，位于斋浦尔的简塔·曼塔天文台（Jantar Mantar）观测站现如今成为印度国内留存最完好、也是规模最大的古天文台（图5-9），其内部建造有各式各样神奇的天文观测建筑。2010年，简塔·曼塔天文台被联合国教科文组织列入《世界文化遗产名录》。1876年，原本并没有那么特别的斋浦尔，为了欢迎英国威尔斯

1［日］布野修司．亚洲城市建筑史[M]．胡惠琴，沈瑶，译．北京：中国建筑工业出版社，2010.

图 5-9　简塔・曼塔天文台

王子的到访，将所有的房子都刷成代表热情好客的传统颜色——粉色，并施以白色的纹案，使得整座城市焕然一新，这也是斋浦尔“粉红之城”名字的由来。如今斋浦尔的法律中明文规定，旧城中所有的居民都必须保持房屋的外墙为粉色。

斋浦尔是一座用心规划的古老城市，其优美的建筑遗迹被较好地保存下来。旧城中心的城市宫殿将风之宫殿（Hawa Mahal）建筑群、宫殿花园及一座小湖包含在其中，建筑主体融合了拉贾斯坦和莫卧儿的建筑风格。风之宫殿是斋浦尔最具特色的地标性建筑，五层楼的结构像一座巨大的蜂巢拔地而起，立面上嵌着大大小小的窗户，是为让王室中的女性成员观赏到街景和市井生活而设的（图 5-10）。琥珀堡（Amber Fort，图 5-11）位于距离斋浦尔北 11 公里的一

图 5-10　风之宫殿

图 5-11　琥珀堡

座山坡林地上，是拉杰普特建筑的杰出代表。城堡入口处挖掘了一个大型的人工湖，城堡内部由皇家宫殿构成，用浅黄色和粉红色的砂岩以及白色的大理石砌筑而成，分为四个主要的区域，每个区域都有独立的庭院。老虎堡则位于旧城西北方的山上，和其他两座城堡一起形成斋浦尔的防御圈，站在城堡山可以鸟瞰整座粉红之城。

4. 艾哈迈达巴德

艾哈迈达巴德是印度中北部古吉拉特邦的首府，位于萨巴尔马蒂河（Sabarmati River）河畔，是印度第五大城市，也是印度重要的经济和工业中心。城市面积464平方公里，城市人口557万人（2011），使用语言为古吉拉特语和印地语。郑和下西洋时，这座城市被译做"阿拨巴丹"。整座城市由萨巴尔马蒂河分成东西两个相对独立的地区：河的东岸是老城区的所在，包括了巴哈达古城和后来英殖民时期留下的火车站、邮局等殖民建筑；河的西岸建设比较现代的行政区域、居住小区、商场、教育机构等。东西两岸由九座大桥连接。

艾哈迈达巴德及其周边地区自11世纪以来就已经有人居住了，当时被称做阿莎瓦尔（Ashaval），后来由古吉拉特邦控制（图 5-12）。德里苏丹国时期，德里的苏丹掌握了这座城市的控制权直至14世纪末。15世纪初期，当地的统治者从德里苏丹国的掌控中独立出来，建立了自己的控制区域，并于1411年进行了新城的建设，将之命名为艾哈迈达巴德。之后这座城市进行了大量的建设和扩张，加强了城市外围的防御体系。期间也被其他的统治者短期占领过，在莫卧儿帝国

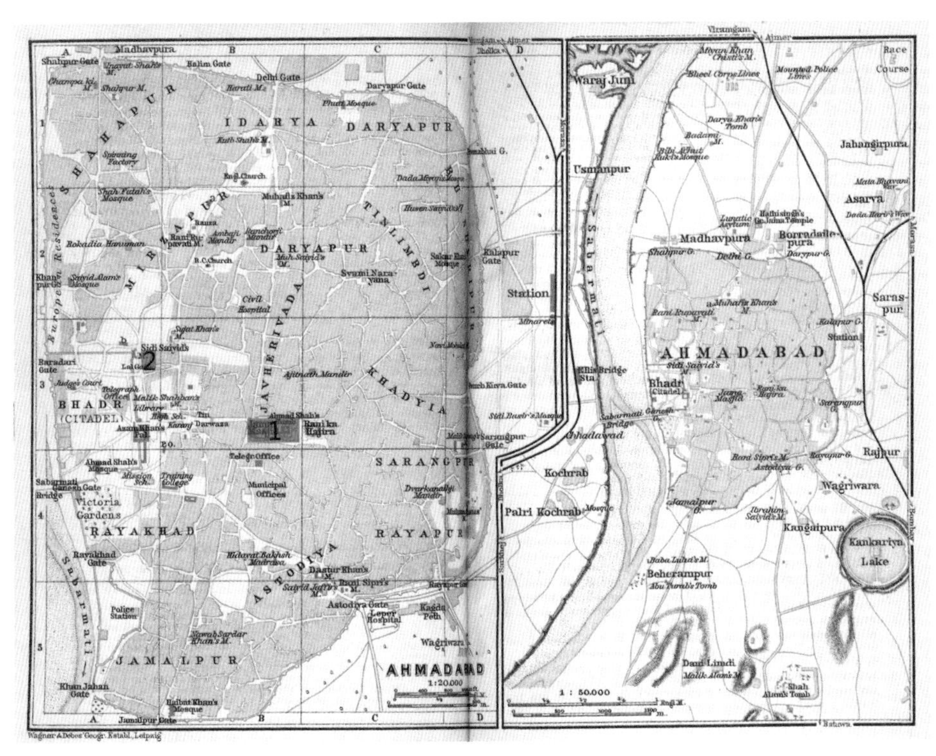

图 5-12　艾哈迈达巴德地图
1 贾玛清真寺；2 西迪萨依德清真寺

崛起之后，艾哈迈达巴德才被阿克巴长久地控制下来，并作为莫卧儿帝国最为繁华的贸易中心之一而存在着。19 世纪初莫卧儿帝国衰败之后，东印度公司接管了这座城市。

在历史悠久的艾哈迈达巴德中有着众多的历史遗迹，比如艾哈迈达巴德最著名的清真寺之一西迪萨依德清真寺（Sidi Saiyyed Mosque）。西迪萨依德清真寺建于 1573 年，平面形制呈弧形，在侧面和后面的拱门上雕刻着异常精美的迦利（Jali）[1] 的格子窗（图 5-12、图 5-13），令人为之神往。艾哈迈德

图 5-13　西迪萨依德清真寺精美的格子窗

1 迦利，指穿孔或格子状的镂空石质屏墙，常与运用书法或几何图案的装饰性图案构件连用，这种手法常见于印度、印度伊斯兰、伊斯兰建筑之中，用于希望空气流动不受阻碍但需要私密性的空间。

图 5-14 艾哈迈德巴德贾玛清真寺室内

巴德最为辉煌的清真寺是贾玛清真寺，这座清真寺由黄砂岩建成，内部主礼拜堂内伫立着 260 多根石柱支撑着屋顶，祷告时仪式感强烈（图 5-14）。此外更有像达达·哈里尔阶梯井这样奇特的集日常生活、社交和宗教功能为一体的建筑，其内部结构复杂，同样有密集的石柱，仪式感强，细部的雕刻尤为精美，包含伊斯兰教的图案、印度教符号和耆那教神像等众多题材。

5. 海得拉巴

海得拉巴（Hyderabad）位于印度南部，是印度第四大城市，安得拉邦（Andhra）的首府，处于德干高原的中央地带，克里希纳河（Krishna River）的支流穆西河（Musi River）从城市中流淌而过。海得拉巴的城市面积 650 平方公里，城市人口 874 万（2014），使用语言为泰卢固语和乌尔都语，当地居民以印度教教徒居多。这座城市有着整齐的城市规划，以其悠久的历史和古老的清真寺、庙宇而闻名，是古代伊斯兰风格建筑与城市的奇迹，被誉为“印度的伊斯坦布尔”（图 5-15）。海得拉巴在历史上以珍珠和钻石的交易中心而闻名，如今它依旧享受着“珍珠之城”的美誉，城市中许多古老的集贸市场已经开放了几个世纪之久。

海得拉巴有着 400 多年的历史，于 1591 年由库特卜·夏希王朝（Qutb Shahi Dynasty）第五任苏丹穆罕默德·库里·库特卜·沙阿（Muhammad Quli Qutb Shah）在穆西河东岸建立。当时的首都戈尔康达迫于存在缺水这一难题，于 16 世纪末期被苏丹放弃。新的都城迁址穆西河畔，海得拉巴由此建立。1687 年 9 月，在戈尔康达苏丹国遭遇莫卧儿皇帝奥朗则布长达一年之久的围困与进攻后，被莫卧儿帝国占领，与此同时省会由戈尔康达搬迁至距离海得拉巴西北部 550 公里的奥兰加巴德，此后海得拉巴的统治者由德里的莫卧儿行政机构任命为总督。1724 年，海得拉巴时任总督阿西夫·扎哈（Asif Jah）乘莫卧儿权力衰落之际，宣布独立并自封苏丹，开始了尼扎姆王朝（Nizam Dynasty）。1769 年，海得拉巴被正式

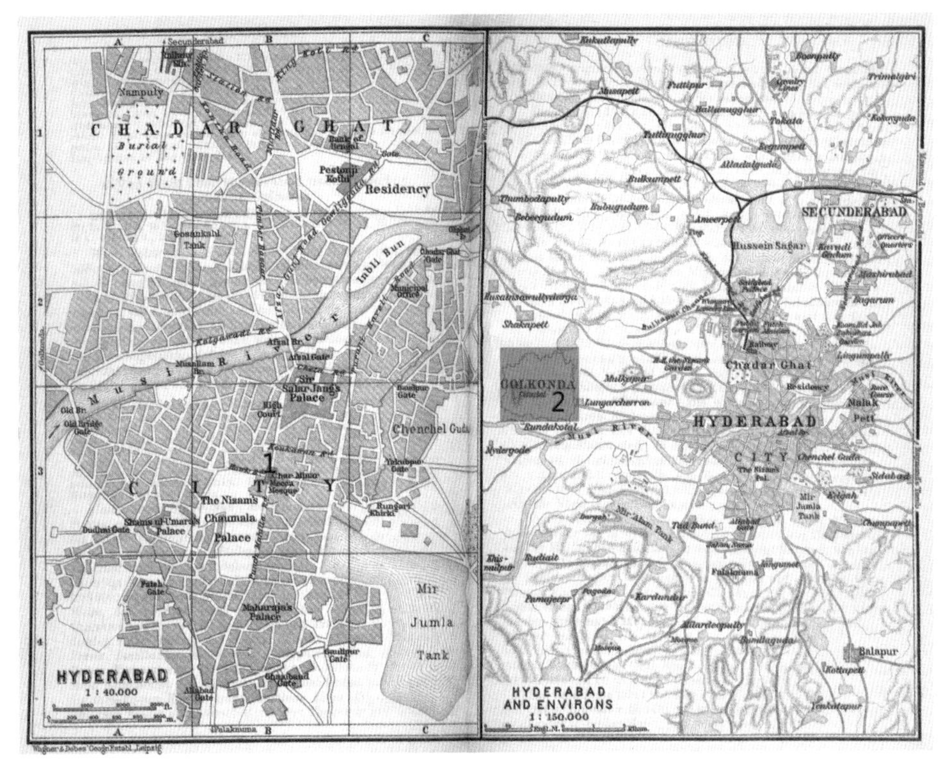

图 5-15　海得拉巴地图
1 查尔高塔；2 戈尔康达

确定为尼扎姆王朝的首都。随着伊斯兰教文化的逐渐深入，海得拉巴成为艺术、文化和学术的中心以及印度伊斯兰教的中心。海得拉巴的统治者重视教育，在位期间曾营造了诸多建筑工程，这些建筑充分展示出当地印度文化与伊斯兰文化之间得到较好的交汇融合。

图 5-16 库特卜·夏希陵

在库特卜·夏希和尼扎姆时代建造的建筑遗产具有明显的印度—伊斯兰建筑特色：深受中世纪、莫卧儿时期和欧洲建筑形式的影响。2012 年，印度政府把第一个“印度最佳遗产城市”奖颁发给海得拉巴。海得拉巴代表性的伊斯兰时期建筑有查尔高塔和库特卜·夏希陵（Qutb Shahi Tomb，图 5-16）。查尔高塔已经成为海得拉巴这座城市的象征，坐落于城市中心，整体呈正方体结构，边长20米，四面的巨大的拱门正对着街道，同时在每个边角上各耸立着一座高56米的尖塔，甚是壮观，它也被称做“东方凯旋门”。

目前海得拉巴现存最古老的库特卜·夏希时期的建筑结构是戈尔康达城堡（Golconda Fort）。这座城堡建造于16世纪，距离海得拉巴西部11公里处（图5-17），建于高120米的花岗岩山上，四周环绕着由巨大的砖石建造的有雉堞的城墙。城堡的外围还有两道防御的城墙体系，高大的城门嵌满钢钉，用以抵抗战争中的大象。城堡内部拥有完整的供水设施及高级的传声设备，让城堡内的君王成为战争中长期的赢家。

图 5-17　戈尔康达城堡

6. 拉合尔

拉合尔是今巴基斯坦旁遮普邦的省会，位于印度河的上游平原，靠近印度的边境以及锡克教城市阿姆利则（Amritsar），人口1 005万（2015），是世界上人口最密集的城市之一，也是巴基斯坦的第二大城市，仅次于卡拉奇（Karachi）。由于拉合尔有许多花园和建筑都可以追溯到莫卧儿帝国时期，因此也被人们称为“莫卧儿的城市花园”（图5-18）。拉合尔作为巴基斯坦的灵魂城市已然有

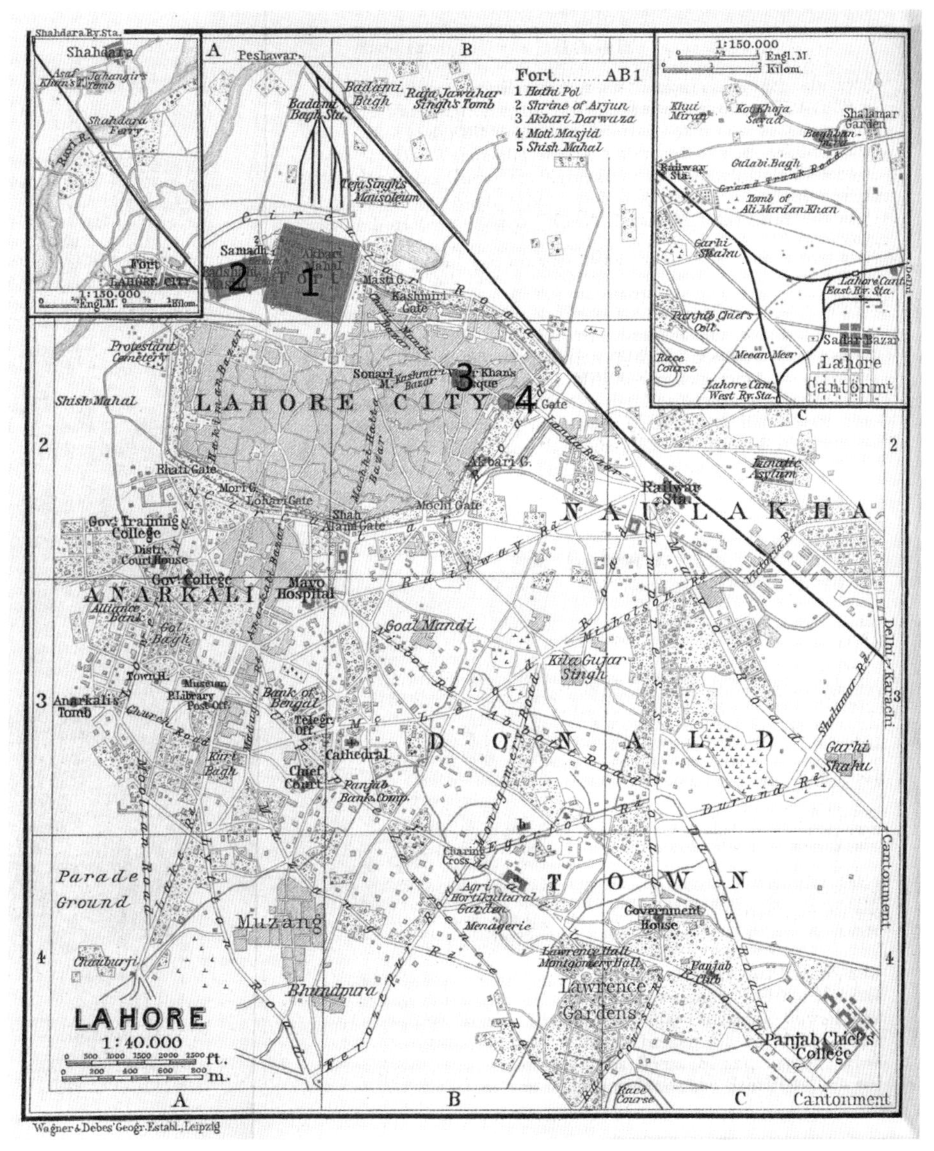

图 5-18　拉合尔地图

1 拉合尔城堡；2 巴德夏希清真寺；3 瓦齐尔汗清真寺；4 德里门

近 2 000 年的历史，对于当地人而言，如果游客到过巴基斯坦却没有去过拉合尔，这是完全无法理解的。

拉合尔建城于 1 世纪。我国的高僧玄奘法师曾于 630 年在印度游学的过程中访问过拉合尔，并在他的著作中称这座城市为“伟大的婆罗门教城市”，这也成为历史上对于这座城市最早的记载。10世纪末期，伊斯兰政权首次统治了拉合尔，之后拉合尔成为夏希王朝的首府，到了12世纪，它又成为伽色尼王朝的首都。伽色尼王朝灭亡后，拉合尔被德里苏丹国苏征服，在库特卜·乌德·丁·艾巴克统治期间，拉合尔被称做“印度的伽色尼”（Ghazni of India）。16世纪初期，巴布尔大帝开创莫卧儿帝国，其统治范围囊括了现在的拉合尔。拉合尔正式开启在历史上的黄金时期，一度成为印度西部建筑、文化以及手工艺的中心，并奠定了作为“城市花园”的基础。18世纪中叶，拉合尔的建筑、花园与艺术达到辉煌的巅峰，拉合尔城堡、巴德夏希清真寺等众多闻名建筑现都被列入联合国教科文组织的《世界文化遗产名录》。

和德里一样，拉合尔如今的城市也由老城区与新城区共同组成。老城区位于北部，由阿克巴在位时建造，以红色的砖石砌成的高达7米的城墙围合，高耸的城墙外还围绕着一圈护城河，形成防御体系。蜿蜒的城墙共开有14座城门，其中面朝德里方向的大门被命名为“德里门”（图5-19），相对应的在德里老城中面向拉合尔的城门也被命名为“拉合尔门”，单从这一点就可以感受到两座古老城市间的历史渊源。

图5-19 拉合尔德里门

拉合尔老城的西北角为拉合尔城堡，是莫卧儿帝国时期城堡建筑的典型实例。城堡内大量的建筑在战争的洗礼下已然不复存在，而遗存下来的宫殿、花园仍向世人展示着拉合尔曾经的魅力。巴德夏希清真寺紧邻拉合尔城堡的西侧，这座清真寺的规模庞大，可以容纳10万人同时进行祷告，由巨大的广场和建筑主体构成，堪称拉合尔的贾玛清真寺，也是世界上最大的清真寺之一。巴德夏希清真寺由第六任莫卧儿皇帝奥朗则布于1671年开始修建，1673年修建完成，采用典型的莫卧儿时期的建筑风格。瓦齐尔汗清真寺位于拉合尔城内的东边，由沙·贾汗修建，被称为“拉合尔面颊上的一颗痣”，以其表面精美的彩色瓷砖饰面而闻名。

第二节　中小型城市

1. 曼都

曼都位于印度中央邦的讷尔默达平原，在马恩达沃[1]（Mandav）境内，处于温迪亚山脉的延长线上，海拔 633 米，距离马尔瓦王国的首都塔尔 35 公里。曼都曾是马尔瓦地区西部一座军事意义上的堡垒小镇，北部的马尔瓦高原和南部的讷尔默达河谷成为曼都城天然的防御屏障（图 5-20），现如今该城已然荒废，只有一些历史遗迹还散落在星罗棋布的丛林之中。

图 5-20　曼都城卫星图

曼都建于 6 世纪，8—13 世纪由印度教王朝统治，1304 年被德里的穆斯林统治者征服。1401 年，当帖木儿的军队于占领德里时，马尔瓦地区的统治者乘机成立古瑞王朝（Ghuri Dynasty），王朝的统治者将全部资本从首都塔尔搬离至曼都，开启了曼都的黄金时代。在莫卧儿帝国时代，虽然曼都被阿克巴收入领土范围之中，但依旧保持了相当程度上的独立性。此后，统治者们又将全部的中心转移回塔尔，曼都也从那时起渐渐没落

曼都城自身的战略位置和天然的防御能力，注定了其在历史上具有重要地位。作为军事小镇，曼都城利用自身的地形特点构建了一座形状复杂的城堡，城市周边延绵 37 公里的城墙以及其中修建的 12 道城门展示了其强大的防御能力。曼都城内部由北向南沿主轴线两侧布置了大量 14 世纪建造的宫殿、清真寺、陵墓以及

1 马恩达沃，当时叫做“Shadiabad”，喜悦之城之意。

耆那教的寺庙（图 5-21）；最北部的城门地区，包含城门本身及两座古老的阶梯井（图 5-22）。向南建筑物较为密集的区域为核心宫殿区，其中包括著名的摇摆宫——英多拉宫殿及亲水的游乐宫殿——雅扎宫殿（Jahaz Mahal，图 5-23）。雅扎宫殿位于两座人工湖泊之间，建筑主体两层，远远看上去像是一只漂浮在水中的船，形式轻松活泼。莫卧儿第四任、第五任国王贾汉吉尔和沙·贾汗喜欢在此度假，这座亲水宫殿因此成为曼都颇有名气的建筑遗迹之一。接着向南是以贾玛清真寺为核心的建筑群，该区域包含贾玛清真寺、阿什拉菲宫殿（Ashrafi Mahal）

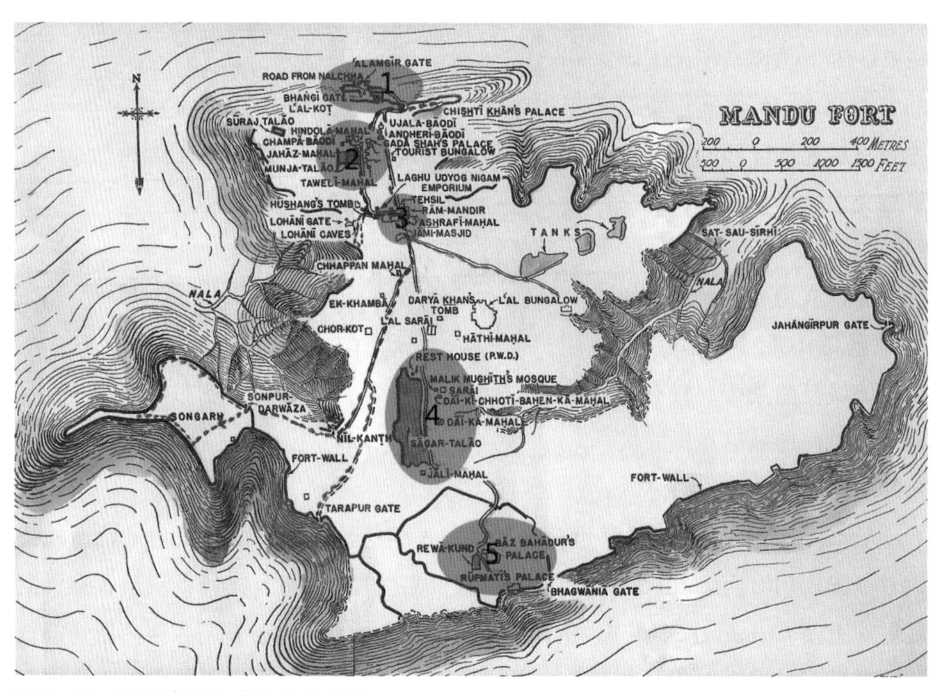

图 5-21 曼都城重点建筑的分布图

1 北部城门区域；2 核心宫殿区域；3 贾玛清真寺建筑群；4 湖边宫殿区域；5 南部城堡区域

图 5-22 曼都城北部阶梯井

图 5-23　雅扎宫殿

以及古瑞王朝第二任国王候尚·沙阿的陵墓（Hoshang Shah Tomb，图 5-24）。候尚·沙阿陵是印度第一座完全由大理石材质建成的陵墓，功能明确，有着精致匀称的穹顶以及较为繁复的大理石砖块的砌筑工艺，体现出国王的故乡阿富汗地区的建筑风格。再往南是湖边的宫殿

图 5-24　候尚·沙阿陵

群以及南部的城堡区域（图 5-25）。整体来看曼都城的建筑风格偏简约，不太强调细部的装饰艺术，往往通过厚重的墙体及刚毅的结构来凸显伊斯兰建筑的力量。曼都地区的建筑风格后被划入马尔瓦风格，其众多的建筑艺术精品清晰地体现出印度教和伊斯兰教文化间的相互渗透。

2. 比德尔

比德尔是一座位于印度卡纳塔克邦东北部山顶上的城市，处于德干高原的中心地带，在德里苏丹国时期，先后被卡尔吉王朝和图格鲁克王朝统治（图 5-26）。

图 5-25　曼都南部城堡

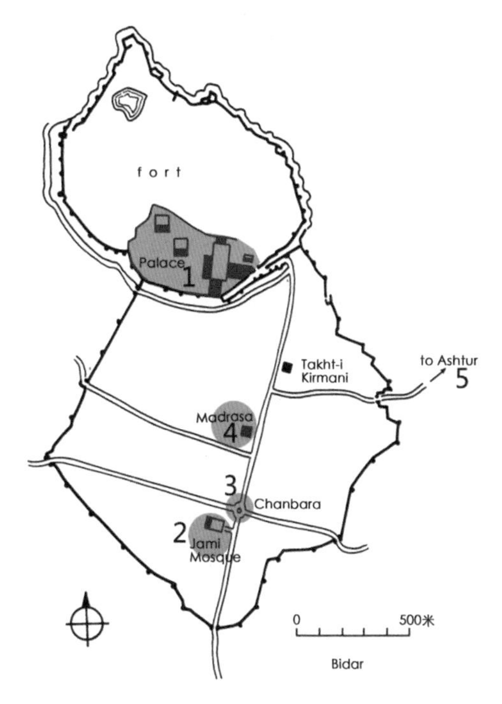

图 5-26　比德尔平面图
1 官殿区域；2 贾玛清真寺；3 中心高塔；4 马哈茂德・加万宗教学校；5 通往阿里・白瑞德陵

1347年，德干地区的巴哈曼尼苏丹国建立，比德尔距离王朝的首都古尔伯加100公里。巴哈曼尼苏丹国与南部的维查耶那加尔王国进行了长久的战争，直到1428年比德尔因政治需要成为巴哈曼尼的新首都才有了不一样的发展。成为新首都之后，比德尔不论是在政治上还是宗教上都繁荣了起来。统治者艾哈迈德·沙阿一世（Ahamad Shah I）下令重新修建比德尔城堡（Bidar Fort），新建美丽的马哈茂德·加万宗教学校、贾玛清真寺以及波斯风格的宫殿、花园等，令整座城市面貌一新。到了沙·贾汗统治时期，比德尔正式成为莫卧儿帝国的一部分。

比德尔城明显经过一番规划才进行建造，分为南北两部分。北部不太规则的纺锤形区域为皇家的城堡区，城堡区由厚重的城墙和一圈战壕围绕，共有六个出入口，独立且安全，宫殿建筑群布置在城堡区靠南一侧。南部接近六边形的区域为城市居民区，两条主要的城市干道呈十字形交叉分布，东西主干道长1 300米，南北主干道长1 650米。十字的交点上竖立了一座24米高的圆柱形高塔（图5-27），高塔内部有螺旋的楼梯可以到达塔顶，起到军事上瞭望的作用，后期在高塔顶部加装了一口时钟。城区由两条主干道和两条次干道划分成大小不等的六片区域供百姓居住。城区四周和城堡一样建有一圈厚实的城墙用于安全护卫，也有六个出入口，最北边的出入口与城堡相联系，建造了一系列的三座城门。

城区的中央高塔附近安排了贾玛清真寺和宗教学校供居民日常使用，其中马哈茂德·加万宗教学校尤为特殊，在印度伊斯兰时期的建筑实例中很是少见（图5-28）。这座宗教学校由马哈茂德·加万建于1472年，占地4 000多平方米，坐落于一处较高的基础之上，中央为一方形的公共空间，四周的建筑将图书馆、

图5-27　比德尔居住区中心高塔

图5-28　马哈茂德·加万宗教学校

报告厅、宿舍、清真寺等功能都包含进去，空间之大足够众多的学生及老师一起生活和学习（图 5-29）。可惜该建筑后来因战事而被部分毁坏，东南角的结构已消失不见，如今只能从遗存的四分之三结构以及建筑表面的彩色釉面砖来推想它完整的样子了。

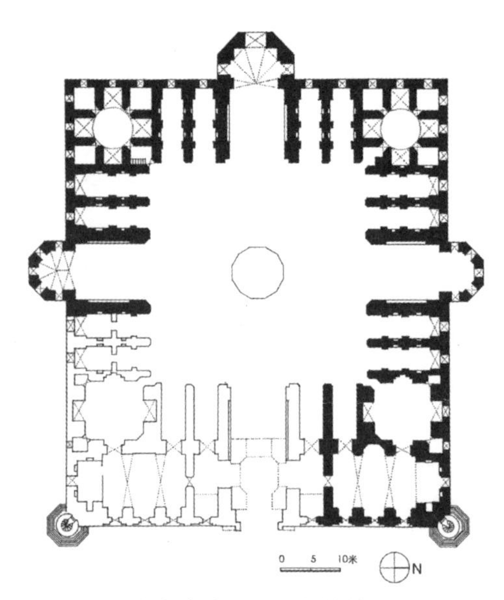

图 5-29 马哈茂德·加万宗教学校平面图

城区内的两条次干道，一条朝西一条朝东。朝西的次干道出城门外 3 公里有一座夏希王朝于 1579 年建成的陵墓——阿里·白瑞德陵。阿里·白瑞德陵的主体四面开门，是一较为开敞的结构，上部支撑一座精心建造的球状穹顶（图 5-30）。朝东的次干道出城门不远可以抵达一个叫做阿诗图（Ashtur）的小村庄，那里有巴哈曼尼王朝王室们安葬之地，名为巴哈曼尼陵墓群（Bahmani Tombs，图 5-31、图 5-32）。共有八位巴哈曼尼王朝的苏丹们埋葬于此，周边一些

图 5-30 阿里·白瑞德陵

图 5-31 巴哈曼尼陵墓群卫星图

图 5-32 巴哈曼尼陵墓群

小体量的陵墓则为王室成员或者苏丹们妻子的陵墓。巴哈曼尼陵墓群是德里苏丹国时期不多见的具有代表性的群体陵墓之一。

3. 古尔

古尔是西孟加拉邦北部的一座小城镇，位于印度与孟加拉国的边界附近、恒河以东的平原上，平均海拔 22 米，距离北部的马尔达（Malda）12 公里。古尔是孟加拉地区繁华的小镇，曾被称做拉罕娜缇（Lakhnauti），是一个印度教王国的首都。1198 年，古尔被入侵的穆斯林征服，接着被德里苏丹国接管。约 1350 年，孟加拉地区建立了自己独立的苏丹王国，并将政治中心安置在潘杜阿。1420 年左右，在伊利亚斯·夏希王朝（Iliyas Shahi Dynasty）的掌管下，古尔成为首都，并重新繁荣了起来。到了莫卧儿帝国统治时期，莫卧儿帝国同苏尔王朝的统治者们为了争夺古尔而展开军事行动，1575 年一场大规模的鼠疫终结之后，莫卧儿帝国的阿克巴大帝将古尔收入囊中。古尔有许多 15 世纪末—16 世纪早期建造的清真寺，如今依旧存在着。由于孟加拉地区地处冲积平原，石头和砖块等建筑材料比较匮乏，因此大多数建筑物的墙体都比较粗犷地裸露在外，装饰也不算多。

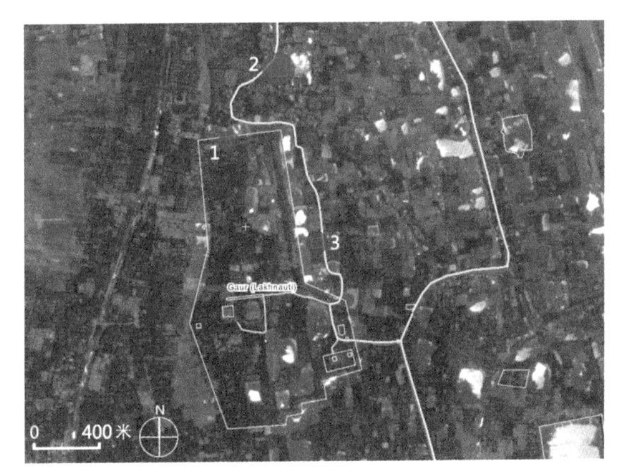

图 5-33　古尔卫星图
1 达希尔达瓦扎；2 巴拉索纳清真寺；3 菲鲁兹高塔

古尔小镇如今已然湮没在树林与湖泊之中，只能通过一些历史遗留下来的人造痕迹大致推断古尔的范围（图 5-33）。古尔呈南北走向，城市选址在帕格拉河东岸一片水资源充沛的地方。城镇最北端的中部是达希尔达瓦扎（Dakhil Darwaza），即城镇的北大门（图 5-34），修建于 15 世纪，

图 5-34　达希尔达瓦扎

如城堡一般雄伟，通过它往北可以到达城外的巴拉索纳清真寺（Bara Sona Masjid）。城门本身由红色的砖墙砌筑而成，未受损坏前的高度可达 20 米，城门中央有一条长约 35 米的高大隧道，两头为拱形入口，城门主体的两侧各有一座五层十二边形收分的高塔，与主体共同构成北大门。

图 5–35　巴拉索纳清真寺

城外的巴拉索纳清真寺(图 5–35) 建于 1526 年，也被称为大金顶清真寺（Big Golden Mosque）。巴拉索纳清真寺平面为矩形，11 开间，4 跨进深（图 5–36），目前西侧的礼拜墙已经毁坏，只余东面带门拱的走廊，面向清真寺东面的一片湖泊。清真寺主体外部设有北、东、南三座大门，为主体建筑增强了导入的仪式感，目前北门和东门还完好地存在着（图 5–37）。古尔地区的清真寺具有共性：直接由独立的礼拜殿构成，殿外不单独设置庭院，较为简洁。

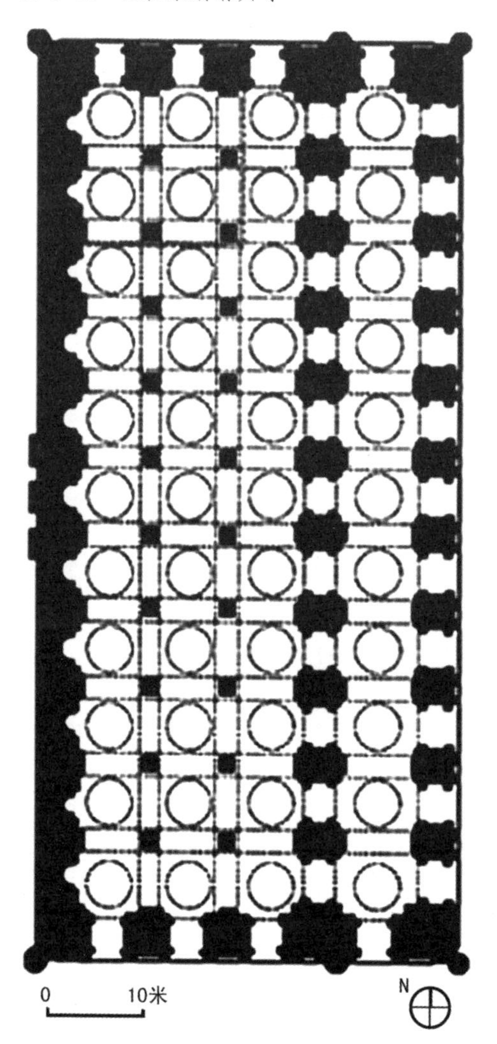

图 5–36　巴拉索纳清真寺平面图

古尔的东侧有一座约 26 米高的高塔，名为菲鲁兹高塔（Firuz Minar），是由菲鲁兹·沙阿于 1486 年建造的胜利之塔（图 5–38）。菲鲁兹高塔塔身共五层，下三层为多边形平面，上两层为圆形平面，建于一处小山坡上，站在塔顶可以将整座城镇尽收眼底。城镇的东南角还有一片建筑较为集中的区域，分布了一座清真

图 5-37 巴拉索纳清真寺外东大门

图 5-38 菲鲁兹高塔

寺、一座陵墓以及城镇的东大门。除此之外，还有一些建筑遗存散落在城镇的角落（图 5-39），等待着有心人去探索发现。

图 5-39 古尔城内的建筑遗存

4. 江布尔

江布尔是一座位于印度北方邦东南角的城市，被流经的戈默蒂河（Gomati River）一分为二（图 5-40），距离东南方的瓦拉纳西 60 公里。江布尔的历史可追溯到 11 世纪，但却被戈默蒂河泛滥的洪水冲得一干二净。1359 年，德里苏丹国的苏丹菲鲁兹·沙阿·图格鲁克决定在此修建一座江上的防御型城市，在城市内部的沿江地带建造了许多防御性的堡垒，用以对抗下游的孟加拉苏丹王国。1393 年，江布

图 5-40 江布尔卫星图
1 江布尔城堡；2 阿塔拉清真寺；3 夏希大桥

尔的总督宣布独立，成立了沙尔齐王朝（Sharqi Dynasty）。在他掌权期间，江布尔一度成为印度北方邦的军事强国，并多次给德里苏丹国形成有力的威胁。在帖木儿的军队洗劫德里之后，易卜拉欣·沙阿担任江布尔总督一职并即刻宣布独立。在他的治理下，江布尔日益繁荣，最终取代了德里成为当时印度伊斯兰文化的中心。江布尔在这一时期渐渐形成了独具一格的建筑风格，兴建了许多具有当地特色的清真寺、宫殿、宗教学校等建筑。然而好景不长，1493 年，洛迪王朝的苏丹大举进军江布尔，夺取政权的同时也摧毁了当地大多数的建筑。幸运的是，在这场浩劫中，阿塔拉清真寺（Atala Masjid）、江布尔贾玛清真寺（图 5-41）以及拉尔·达瓦扎清真寺（Lal Darwaza Masjid，图 5-42）等建筑较好地遗留下来。这些清真寺具有江布尔地区独特的建筑风格，使用了将印度教的传统文化与穆斯林文化相结合的纯粹的设计要素。之后，江布尔一直平稳地掌握在莫卧儿帝国的手中。1568 年，阿克巴大帝下令在戈默蒂河上建造夏希大桥（Shahi Bridge），连接被戈默蒂河分隔的东西两片城区，用以解决城市内过河不便的问题。夏希大桥由

图 5-41　江布尔贾玛清真寺

图 5-42　江布尔拉尔·达瓦扎清真寺

图 5-43　江布尔夏希大桥

阿富汗的建筑师阿夫扎尔·阿里（Afzal Ali）设计，历时四年才建造完成，被后人们认为是最能彰显江布尔莫卧儿风格结构的桥梁，成为江布尔的标志性建筑（图 5-43）。夏希大桥东端不远处有一座小型的城堡建筑群，名为江布尔城堡。江布尔城堡建造于图格鲁克时期，现存的城堡由较为完好的城墙包围着，还遗存有一座炮楼屹立在城堡内，彰显着建筑群原本的雄姿。城堡的主入口在东侧，城门是一面带有拱门的高大墙壁，两侧有塔楼，并附有浅浅的伊旺，如当地独特的清真寺主殿入口一般，但规模上更加宏大（图 5-44）。城堡内的宫殿建筑，现已所剩无几。

图 5-44　江布尔城堡东门

5. 法塔赫布尔·西克里

法塔赫布尔·西克里（Fathepur Sikri）位于阿格拉西南方 37 公里处，它的名字来源于一个叫做西克里的村庄，法塔赫布尔意为胜利之城。阿克巴的儿子贾汉吉尔得之不易，为庆祝儿子在西克里的降生，阿克巴开始在此地建造新城，把首都从阿格拉迁来，并称之为法塔赫布尔·西克里。1571—1585 年，此地一直作为阿克巴统治的首都而得到持续的建设。

图 5-45　法塔赫布尔·西克里卫星图
1 德里门；2 拉尔门；3 阿格拉门；4 比尔巴门；5 昌丹派门；6 瓜廖尔门；7 特拉门；8 楚门；9 阿杰梅尔门；10 法塔赫布尔·西克里城堡；11 法塔赫布尔·西克里贾玛清真寺

阿克巴将新城选址于原西克里村庄附近，并积极投入新城的建设之中，力求用许多精致复杂的宫廷建筑和众多的公众观演建筑将这里建设成为整个国家的礼仪文化中心。皇室城堡位于城市中心偏西，建在一条长长的岩石山脊上以示雄伟，同时可以俯瞰西北部挖凿的一片人工湖。城市西端的人工湖边矗立着一座八角形巴拉达里，用来欣赏湖光山色（该湖现已消失）。皇室城堡以南的低凹处是普通居民的居住区。城市的北、东、南三面由 11 公里长的 U 形城墙环绕，墙宽 2.5 米，足够守卫与弓箭手在城墙上自由通行。城墙共开九座城门，按照顺时针方向分别是：德里门（Delhi Gate）、拉尔门（Lal Gate）、阿格拉门（Agra Gate，图 5-46）、比尔巴门（Birbal Gate，也叫做太阳门）、昌丹派门（Chandanpal Gate，也叫做月亮门）、瓜廖尔门（Gwalior Gate）、特拉门（Tehra Gate）、楚门（Chor Gate）及阿杰梅尔门（Ajmere Gate）。九座城门对应八个不同的方位，如今除了楚门，其余八座城门都还存在。城市的主要干道为一条东北—西南方向的道路，从阿格拉门进，从特拉门出。在进入阿格拉门不远处有一条通往山上的岔路通向法塔赫布尔·西克里城堡。如今，除了平行于干道多了一条铁路外，整座城市的格局同 400 多年前并无两样，这对

图 5-46　法塔赫布尔·西克里的阿格拉门

于城市历史研究者来说实在是太幸运了。

法塔赫布尔·西克里是一座大型的皇城，它的建筑和广场在很大程度上反映出阿克巴对于建筑和设计的热衷，在这里，阿克巴满足了那些代表帖木儿王朝风格的开创性的美学冲动[1]。在他的规划下，这座城市不仅仅是贵族的行宫而已，它包含了清真寺、宫殿、浴室、旅社、集市、花园、学校、工坊等多种功能的建筑形式，其中的大部分建筑使用当地产的红色砂岩作为主要的建筑材料，整体规划设计则遵从一定的气候、地质、地形条件，最终它成为一座集经济、政治、居住于一体的中形城镇。1585 年，迫于水源问题得不到解决和政治上不稳定的多重影响，阿克巴最终放弃了法塔赫布尔·西克里转而前往拉合尔。

小结

本章介绍了印度伊斯兰统治时期多个不同规模的典型城市，从中可以看出伊斯兰对于印度的入侵明显以印度西北部为主，然后渐渐向中部及南部渗透。一次次的入侵和统治对地区城市发展和民众生活都产生了深远的影响，其中包含城市、建筑、艺术、宗教、技术、教育等多个方面。

于城市而言，城市布局的改变、旧都的毁灭、新城的建立、防御系统的巩固，都是统治者们施加的影响。而拆除在统治者看来有违统治阶级利益的宗教建筑，新建清真寺、陵墓、城堡宫殿、花园住宅等一系列饱含着强烈伊斯兰风格的建筑，对于该地区人民的生活方式和建筑风格都是入侵式的影响。

与此同时，印度本土的建筑也在吸收着伊斯兰风格以及伊斯兰建筑技术、材料、装饰上的一些特点，渐渐地产生了本土化的非常具有地方特色的的印度—伊斯兰式建筑类型，对于此后印度建筑与城市发展都是不可磨灭的一笔。

1 [美]约翰·F 理查兹．新编剑桥印度史：莫卧儿帝国[M]．王立新，译．昆明：云南人民出版社，2014.

第六章　印度伊斯兰时期建筑类型及实例分析

第一节　城堡宫殿

第二节　清真寺

第三节　陵墓

第四节　阶梯井

第五节　园林艺术

第一节　城堡宫殿

伊斯兰政权在印度崛起之后，开始了各式各样的营造活动，其中最为重要的是城堡宫殿类建筑，因为有了它们才可以守卫自己的政权集团。这些城堡大多建造于易守难攻的高山之上或江河之滨，四周修建高大厚重的城墙及塔楼、碉堡等防御体系。城墙之外往往挖凿护城河，河上通过可升降的吊桥予以通行，建于高山上的城堡周边的护城河常常深不见底，好似悬崖峭壁一般。

城堡是一种综合性的建筑群，其内部通常分割成公共和私密两大区域，公共区域用于接见来宾使臣或是倾听民意，私密区域则为君主及其家属居住的地方，还会配以私人花园以及清真寺、浴室、宫殿等公共建筑供皇宫贵族们使用。

1. 英多拉宫殿

英多拉宫殿，英译为“摇摆宫”，是一座大型的议会厅，位于曼都城遗址内，由杜尚·沙阿于1425年修建（图6-1）。英多拉宫殿的墙体非常厚实且有斜度，倾斜23度左右，看上去就像一座摇摆着的城堡，因而得名。整体建筑平面呈T字形，

图6-1　英多拉宫殿

南北向的主殿是先建造的，横向的部分是后加建的（图 6–2）。主殿长 36 米、宽 20 米、高 12 米，从外观看是两层，实则内部通高。长边每侧有六个内凹的拱门及拱窗，短边有三个，正中间的一个为主入口。主殿内部为一个长 29.5 米、宽 8.2 米、高 10.7 米的空间，其中轴线上依次排列五座由尖拱支起的平屋顶，平屋顶下遗留有插有木梁的凹槽，只是木梁早已没了踪迹。

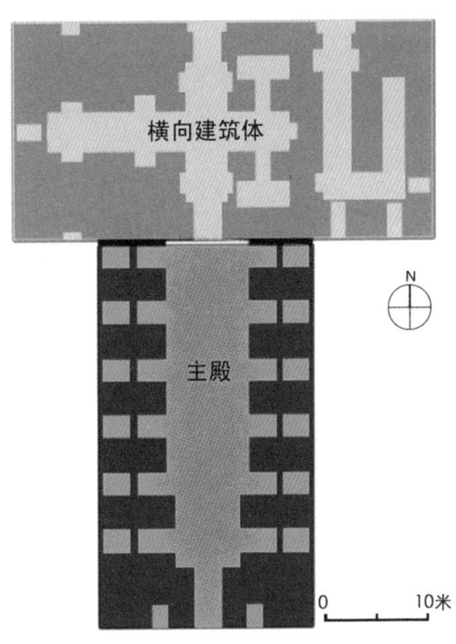

图 6–2　英多拉宫殿平面图

横向建筑体和主殿的大小相仿，只是它的内部实际有两层，部分二楼的窗户采用飘窗的形式。底层主体为一十字形的画廊，在短边处开口与主殿连接，东侧还有一小部分空间为单独的通道供进出使用。二层由一纵一横两个房间构成，纵向房间被两排柱子分割成三条廊道，站在二层可以通过一个开放的拱门俯瞰一层主殿。

英多拉宫殿体现了马尔瓦地区在伊斯兰时期的建筑风格：简约、大胆、匀称，以极少的装饰来衬托建筑大胆的体量，建筑内部的尖拱从一方面体现出马尔瓦风格如何受到德里风格的影响。在德干的瓦朗加尔城堡（Warangal Fort）有一座与英多拉宫殿差不多的建筑——库沙宫殿（Khush Mahal），只是规模小一些，并且主殿的中央多了一个蓄水池，可能出自同一位建筑师之手（图 6–3）。

图 6–3　库沙宫殿内部

2. 道拉塔巴德城堡

道拉塔巴德城堡位于马哈拉施特拉邦奥兰加巴德西北16公里处，是一座14世纪的堡垒城市，一直作为德干地区战略防卫重地而存在着。从1327年开始，它便成为图格鲁克王朝的首都，由穆罕默德·宾·图格鲁克所统治，后于1633年被莫卧儿帝国占领。道拉塔巴德城堡以一系列的防御方式而闻名，是印度中世纪城堡建筑的代表。然而由于后期保护不当，这座昔日辉煌一时的首都如今已退化成依赖游客生存的小村庄，城堡内部也只剩断壁残垣了。

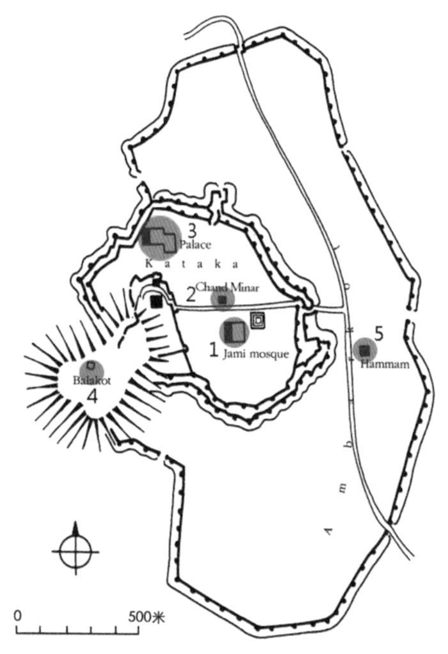

图6-4 道拉塔巴德城堡平面图
1 贾玛清真寺；2 昌德高塔；3 宫殿区域；4 山顶宫殿；5 浴室

道拉塔巴德城堡由四部分防御构成（图6-4）。首先是核心的宫殿区域，坐落于一座高约200米的锥形山上，山坡较矮的地方被统统开凿以提高防御能力，垂直高度至少达到50米，下面就是深深的护城河。第二部分是一小片巩固防御的区域，沿山势的东侧斜坡围合起来，城墙按一层、局部两层来建造，守护着上山的唯一通道，其内部含有赤坭宫殿（Chini Mahal）、皇家住宅（Royal Residence）、炮塔及含有许多密道的内部空间。第三部分从北、东、西三侧把山围合起来，城墙按两层、局部三层建造，内部包含贾玛清真寺、昌德高塔、一座只剩遗迹的宫殿及水池、水井等建筑物，中间有一条主路通往第二部分的城门（图6-5）。第四部分从北、东、南三侧把第三部分包围起来，城墙为一层，也是最外一道，内部是居民居住的地方，一条由北至南的主路贯穿这个区域，中央有叉路通往第三部分的城门。整座城堡由三重城墙、一条护城河、一座山峰构成，建

图6-5 道拉塔巴德城堡第二部分的城门

筑材料选用当地坚固的岩石，易守难攻，固若金汤。

图 6-6 道拉塔巴德城堡昌德高塔

宫殿由宽敞的大厅、庭院和凉亭构成。昌德高塔高 30.5 米，是一座胜利之塔，由阿拉·乌德·丁·沙阿·巴哈曼尼于 1435 年为庆祝攻克这座城堡而建。塔身四层，中间由三个类似德里库特卜高塔的阳台分层（图 6–6）。可以想见，当穆斯林从德里征服到德干高原时，他们已经形成在当地建造清真寺和纪念碑的习惯了。高塔的底部是周围带有拱门的建筑空间，外面有一小广场，广场位于东侧，高塔位于西侧，据此推测在清真寺还没有建成时昌德高塔充当了小型清真寺的角色。

城堡内的贾玛清真寺由原先的印度教寺庙转化而来，西侧是一条长长的祈祷室，中央为一大广场，其他三面由印度教遗留下的柱子围合而成。不管是柱子的柱头和柱础，还是室内天花的内侧，或是米哈拉布（Mihrab）内印度教的女神雕像（图 6–7）都遗留有印度教存在过的痕迹。清真寺外围建了矮矮的砖墙，北侧和南侧各有一小门洞进入，东侧则为一座带有拱门及穹顶的入口，东入口外不远处为一座大水池。整座建筑呈现了道拉塔巴德城堡的历史，也是穆斯林早期在德干高原留下的珍贵建筑实例之一。

赤坭宫殿（图 6–8）位于第二部分北端，是一座两层的建筑。建筑的二层有两个房间，开有拱形窗洞。由于墙面上曾经镶嵌过产自中国的黄色和蓝色珐琅瓷砖，因此该建筑也被当地人称为“中国宫殿”。如今只有一部分瓷砖还残留在墙

图 6-7 道拉塔巴德城堡贾玛清真寺室内

图 6-8 道拉塔巴德城堡赤坭宫殿

面上，整个屋顶则已经坍塌掉了。赤坭宫殿曾作为皇室的监狱使用，1687—1700年，库特卜·夏希王朝最后的统治者阿布·哈桑（Abul-Hasan）被莫卧儿皇帝奥朗则布关押在这里。

图 6-9　道拉塔巴德城堡皇家住宅

皇家住宅（图 6-9）位于赤坭宫殿的对面，四周由高墙围合，可经由北侧的拱门进入内部庭院，周边为三合院，每边都由拱形门廊与庭院相接。皇家住宅的墙壁上残存着雕花木梁和支架等一些构造细节，灰泥天花板上镶嵌刻有几何图形和阿拉伯花纹式图案的带形和圆形雕饰板，用石膏砖块砌成几何样式的漏窗等建筑元素是成熟的巴哈曼尼风格（Bahmani Style）的标志。

山顶宫殿（图 6-10）结构两层，面朝东北方向，由一方形体块和一八边形的塔构成。建筑平面采用了网格生成的设计方式，体现了一定的比列尺度与设计美感。一层中央为 14.5 米见方的开放庭院，四周由若干房间围合。塔的二层为一圈外廊，外露的五个侧面各开有三个拱形窗口，建筑外部东侧有直跑楼梯通向二层（图 6-11）。整座建筑除塔的二层及屋顶上的城垛涂抹白色石膏外其余都由深棕

图 6-10　道拉塔巴德城堡山顶宫殿

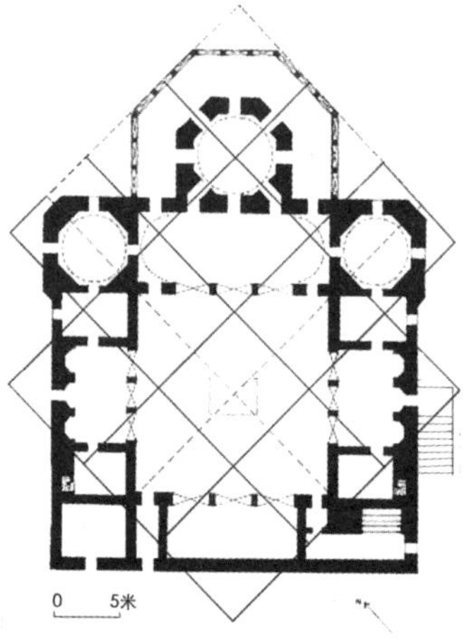

图 6-11　道拉塔巴德城堡山顶宫殿平面图

色的石块砌成。山顶宫殿使用了许多莫卧儿时期建筑的设计元素（莫卧儿风格和德干地区风格都受到德里苏丹国风格的影响），如拱门比例纤细，房屋平面的布置沿中心开放式庭院而展开，建筑表面施以白石膏抹面，建筑主体包含八角塔等。山顶宫殿也被称做巴拉达里，因位于山顶，其回廊给人们提供了一处可以很好地欣赏四周平原丘陵以及城内壮丽景色之地，适合皇宫贵族在此聚会。建筑内部的中央庭院也为娱乐活动提供了一个很好的场所，周围的房间被赋予寝宫、观演厅、休息室等不同功能。这座宫殿还有着强烈的政治意义，途径道格拉巴德的人们远远地就可以看见这座象征着帝国权威的壮观建筑矗立在高高的山顶之上。

3. 比德尔城堡

比德尔城堡位于印度卡纳塔克邦的比德尔市，于1428年比德尔成为巴哈曼尼王朝新首都之后由君王艾哈迈德·沙阿一世下令重新修建。从1347年巴哈曼尼苏丹国在德干的土地上立国开始，王国的建筑受到巴基斯坦以及伊朗地区建筑风格的长期影响，比德尔城堡也不例外。城堡内不仅建造了精美的花园、清真寺、宫殿，还有创新意识地引进水管理的一套体系及结构。城堡长轴为1.21公里，短轴为0.8公里，周围修建了总计4.1公里长的坚固城墙（图6-12）。如今城堡已然荒废漫长岁月，但其城墙、城门、碉楼依旧保存较好，这对于研究德干地区的城堡建筑具有很大的价值。

图6-12　比德尔城堡卫星图

城堡的主体位于城区的北部，可从城堡东南角的主门进入城区。这个入口由一系列的三座城门组成，非常壮观。中间的一座城门叫做莎尔扎门（Sharza Gate），平面呈方形，顶部覆以穹顶，体量庞大。城门主体四周带有多边形的阳台，起到瞭望作用。城门下部有着巨大的拱门，为军队的进出提供保障（图6-13）。

图 6-13　比德尔城堡主入口

进入城堡之后左手边是阮金宫殿（Rangin Mahal）。这座宫殿由阿里·沙阿·白瑞德主持建造，因为外墙面使用不同颜色的瓷砖拼贴而成，也被称做“有色宫殿”。宫殿的外侧有一个带水池的小型庭院（图 6–14），若站在庭院中向宫殿看去,会让人觉得宫殿并不起眼，然而当走进宫殿内人们就会有意外的收获。阮金宫殿内部的墙壁上绘满了融合印度教与伊斯兰教艺术特色的装饰画，地面上镶嵌着丰富多彩的马赛克和瓷砖饰片，大厅内部的木质柱头上雕刻着华丽的雕花，天花板更装饰着被誉为“珍珠之母”的马赛克装饰天花（图 6–15）。

图 6-14　阮金宫殿内部庭院

图 6-15　阮金宫殿大厅天花

种种细节，都反映了巴哈曼尼王国统治者超前的艺术品位以及对建筑营造活动的热爱。

图 6-16　索尔康巴清真寺东立面

穿过阮金宫殿，前方是一座不太规则的 L 形花园，花园包裹着一座清真寺及其前广场。这是一座叫做索尔康巴的清真寺（Solah Khamba Mosque），建于 1424 年，融合了本土的建筑形式和中亚的装饰特点于一体，是巴哈曼尼建筑风格的典型代表。建筑平面矩形，进深五跨，东面的正立面有 15 个大小相当的拱门[1]（图 6–16），礼拜大厅的上方由鼓座支撑起一个大型穹顶，其间的过渡部分则采用了帖木儿的构架形式。穹顶跨越了三个跨度的开间和进深，其南北两侧各有 5 列对应跨度的小穹顶构成完整的屋面，雄伟且富有韵律（图 6–17）。穹顶覆盖着一个八边形的主祈祷室，朝西的方向放置了简单的礼拜墙和宣讲台。礼拜大厅内部则由众多粗壮的圆形石柱支撑，形成具有强烈仪式感的空间，柱子的顶部还贴有简单的箍片作为装饰，这种做法是从中世纪的

图 6-17　索尔康巴清真寺屋顶

图 6-18　索尔康巴清真寺内部柱式

1 索尔康巴清真寺的名字 Solah Khamba 就是 16 根支柱的意思，可能就来源于组成 15 个拱门所用的 16 根支柱。

南亚地区传过来的，在印度地区极为罕见（图 6–18）。

索尔康巴清真寺的西面是巴哈曼尼苏丹国用于私人会见的塔克特宫殿（Takht Mahal，图 6–19）以及用于会见公众的大厅迪万·伊·艾姆（Diwan–i–Aam，图 6–20），可惜的是，这些昔日雄伟壮阔的宫殿类建筑现在只剩下基座以及一些残存的片段了。

图 6–19　塔克特宫殿遗存

图 6–20　迪万·伊·艾姆遗存

4. 法塔赫布尔·西克里城堡

法塔赫布尔·西克里城堡由莫卧儿皇帝阿克巴于 1569 年开始建造，是印度伊斯兰建筑的典型代表，并成为其完全成熟的标志。法塔赫布尔·西克里城堡的典型特征在于它并不像之前的300多年那样多半是波斯或者中亚式建筑的再现，而采用兼收并蓄、宽容折中的处理手法，融合了印度本地的非伊斯兰传统元素[1]。1571年主体部分完工后，阿克巴便将莫卧儿的首都迁至这里，直到1585年因为水源问题得不到解决，无奈最终将它舍弃。在这期间的14年中，阿克巴一直在规划和建设着他那宏伟的城堡，包括一系列皇家宫殿、清真寺、后宫、法院、私人会所等建筑，并对整体的建筑风格施加了决定性的影响。一系列的发展加上其短暂曲折的命运使得法塔赫布尔·西克里城堡没有太多被使用过的痕迹，成为印度保存最为完好的莫卧儿时期建筑之一。

宫殿坐落于长3公里、宽1公里的岩石山脊上，西北朝向一片古代的湖泊，现在已完全干涸。建造宫殿的工匠来自于古吉拉特邦及孟加拉邦等多个地区，建造材料取自于当地开采的红砂岩，建筑元素融合了印度教、耆那教、伊斯兰教样式。宫殿大致分为三部分：入口集市及造币厂部分、中央宫殿主体及旅社部分、贾玛清真寺部分。整座宫殿以希兰高塔（Hiran Minar）作为等腰三角形的顶点引领建筑群落的布局（图6–21），以贾玛清真寺的南门布兰德·达瓦扎（Buland Darwaza）上的卡垂作为制高点引领城市的天际线。

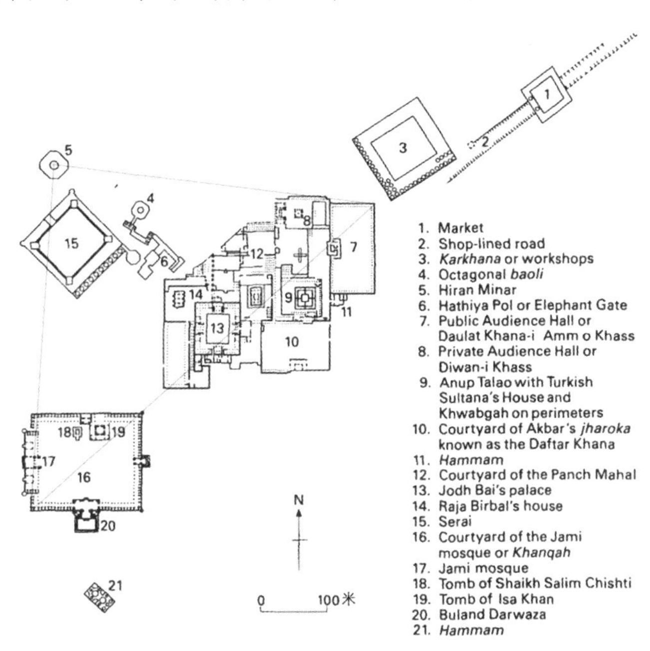

图6–21 法塔赫布尔·西克里城堡平面图

1市集；2沿街商铺；3造币厂；4八边形阶梯井；5希兰高塔；6象门；7公众会见大厅；8私人会客大厅；9带棋盘的亲水庭院及王室住所；10阿克巴的住所及庭院；11浴室；12潘琦宫殿及庭院；13后宫；14比巴尔之家；15旅社；16清真寺中心庭院；17贾玛清真寺礼拜殿；18萨利姆·奇什蒂陵；19伊斯兰可汗墓；20布兰德·达瓦扎；21浴室

1 萧默．华彩乐章：古代西方与伊斯兰建筑[M]．北京：机械工业出版社，2007.

希兰高塔（图 6–22）位于宫殿边缘，靠近人工湖，是一座表面布满了石质凸起尖刺的高塔，有两层底座，第一层方形，第二层八边形，塔内有旋转楼梯直通顶部的卡垂。这种形制的塔起源于伊朗，被用于指示起点和里程标识，后来在莫卧儿时期由表面光滑的尖刺形式的高塔代替，多见于印度和巴基斯坦的西北部地区。希兰高塔和附近的象门（Elephant Gate）一起表达了对阿克巴作为一位明君能够治理好国家的美好愿景。

图 6–22　希兰高塔

宫殿东北角的迪万·伊·艾姆也就是公众会见大厅是统治者会见市民的场所。长方形的用地大部分都是开阔的草地，仅在西侧有一座架高的梁式建筑，由红色砂岩建造，五开间，四坡顶（图 6–23），面向东面的庭院。建筑的坐落位置暗示着人民对于阿克巴的朝拜就如同朝拜真主一般，要面朝西方。

公众会见大厅的西面紧挨着一个宽阔的内部广场，广场的北端是迪万·伊·哈斯（Diwan-i-Khas），即私人会客大厅（图 6–24）。它坐落于一片小广场的中

图 6–23　公众会见大厅

央，是一座完全对称的方形建筑，由红色砂岩建成，体量不大但是构造奇特。建筑内部中央有一根雕饰丰富的巨柱，下部柱础截面为方形，装饰有耆那教装饰纹样；中部截面为八边形，装饰有伊斯兰教装饰纹样；夸张的柱头是一圈印度教的蛇形托梁，共36个。柱子上部支撑着一个圆形平台，平台通过四座天桥与建筑四角连接，同时与四周的环形走道交汇，共同构成建筑的二层（图6–25）。二层四周有一圈由托梁支撑的环状游廊，围以带有迦利的栏杆，既美观又安全。建筑顶部四角各有一个卡垂，增加了立面的美感。

图6–24　私人会客大厅

内部广场的南端是一个以方形水池为中心的建筑空间。水池中央有一方平台，通过水边的四条通道通行，平台四周围绕迦利式的栏杆，平台上摆放方形棋盘供皇宫贵族在此休憩、交流。水池后方是阿克巴及王室的住所，再往后穿过一片庭院就是阿克巴的办公地约哈罗卡（Jharoka）[1]，其南面沿街一侧开有大窗，阿克巴就是在这里采纳民众的建议或处理民众的投诉。

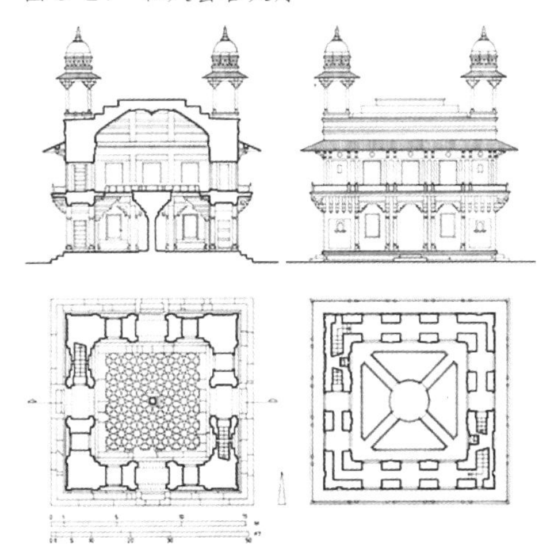

图6–25　私人会客大厅平面、立面、剖面图

水池西侧的一面宫墙，是整座宫殿办公区与生活区的分界线，过宫墙便来到了曾那纳（Zenana），即后宫。后宫是整座宫殿建筑装饰最为精彩的地方，有着

1　约哈罗卡，指建筑外墙上凸起的有顶的阳台，起源于印度中世纪国王在宫殿内部可以和市民面对面交流的一个场所，后来这一习惯被莫卧儿帝国传承下来，每天至少会面一次。胡马雍在位期间在约哈罗卡的下方安置了一面鼓，使有上访者来时能引起他的注意。

丰富的雕刻和精美的壁画，其中最具装饰性的宫殿是 Sunahra Makan，内部的彩画不仅有抽象几何图案，甚至还有形象生动的动物图案（图 6–26）。

图 6–26 动物图案彩画

后宫区的核心名为约德哈·巴伊宫殿（Jodh Bai's Palace），由阿克巴为其第二位拉杰普特的王后建造。这是一个长方形中轴对称的封闭空间，长 106.7 米，宽 71.7 米，四角有突出的穹顶，外墙高 10.7 米。宫殿中央为庭院，由东侧的一个单独出入口进出。出入口立面略微凸出，也是完全中轴对称的，左右各一个卡垂、一个阳台、一个伊旺（图 6–27）。庭院四周被拱形游廊围合，每边的中央都有一座两层楼高的建筑，相对都是对立的部分，楼顶各附两个卡垂，由楼梯上至二层房间。从建筑壁龛的设计、螺旋形支架的形式以及柱子的形状中可以看出印度教神庙建筑对其产生的影响。

比巴尔之家（Birbal's House）坐落在后宫的西北角，是阿克巴最喜欢的部长的房子。这是一座两重檐的建筑结构，一层由四个房间和两个门廊构成，二层由两个房间及有迦利包围的阳台组成，屋顶有两个圆形的穹顶以保持室内凉爽，一层的檐口下以夸张的蛇形托梁支撑，这种梁托在法塔赫布尔·西克里城堡的建筑中非常常见。建筑主体为红色，屋顶为白色，配色经典，建筑内部装饰着精美的壁龛和雕刻。

后宫的东北角还坐落着一座凸显的建筑，即潘奇宫殿（图 6–28）。整体来看，

图 6–27 约德哈·巴伊的宫殿入口立面

图 6–28 潘奇宫殿

这座建筑就是一栋大型的巴拉达里，一共五层，每一层都向东南角逐步退让，直到顶层为一座大圆顶的卡垂，每层都整齐地排列着雕刻复杂的柱廊，一共有 176 根之多。上面四层柱廊都有迦利式的栏杆及遮阳的倾斜石板屋檐，可以用来眺望宫内的景色，这座建筑是为宫殿里的女性游玩而建造的。

5. 拉合尔城堡

拉合尔城堡位于巴基斯坦第二大城市拉合尔老城的西北角，当地人称之为夏希奇拉（Shahi Qila）。城堡始建于 1021 年的伽色尼王朝时代，1526 年莫卧儿王朝第三任君主阿克巴将首都迁到拉合尔后，开始重修拉合尔城堡。新的城堡是在原有城堡的结构基础上通过一系列的加固措施修建而成的，具有很强的防御能力，以抵御外敌的侵略。从那时起一直到 1605 年，历代莫卧儿帝国的统治者都定期扩建拉合尔城堡（图 6–29），给城堡内部添置林林总总的游园、水景，君主沙・贾汗就是其中贡献最大的一位。他将原来城堡内外的红色砂岩构筑物改造成精美的大理石材料，还为城堡增添炮台等防御性构造，使得拉合尔城堡整体上更加宏伟。1981 年，拉合尔城堡同夏利马尔花园一起正式被列入《世界文化遗产名录》。

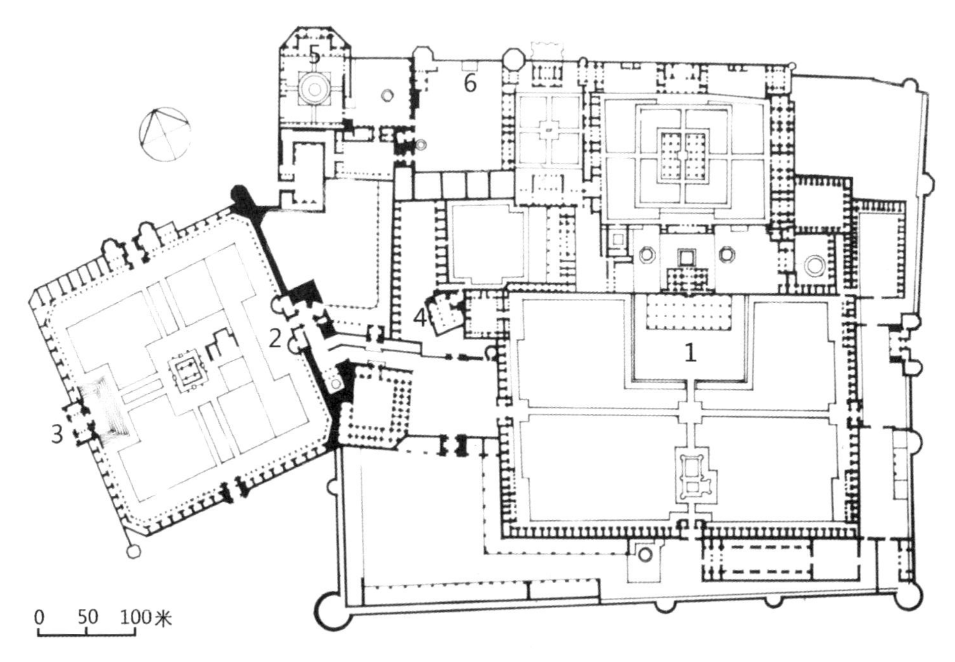

图 6–29 拉合尔城堡平面图

1 公众会见大厅；2 阿姆吉瑞门；3 巴德夏希清真寺；4 珍珠清真寺；5 佘西宫殿；6 纳乌拉克哈凉亭

拉合尔城堡的基本设计原则同德里红堡以及阿格拉堡相类似，南北长380米，东西长470米。城堡南部有庞大的公共庭院及公众会见大厅（图6-30），城堡北面则为较私人一些的居住空间和活动小花园，有条件的地方加入了水景。整座拉合尔城堡有两个出入口，一个位于西侧，名为阿姆吉瑞门（Alamgiri Gate），由奥朗则布建造，联系着城堡与其西侧的巴德夏希清真寺。另一座城门位于东侧，名为清真寺大门（Masjidi Gate），由阿克巴大帝建造。由于历史原因，清真寺大门已经永久性地关闭了，阿姆吉瑞门成为整座城堡的主入口（图6-31）。

从主入口进入城堡后，正前方是拉合尔城堡内的清真寺——珍珠清真寺。这座清真寺由沙·贾汗皇帝主持建造，通体由白色大理石修建，曾经用做皇室后宫的私人住宅，室内营造出的宁静气氛很适合人们在此隐居（图6-32）。位于主入

图6-30 公众会见大厅

图6-31 阿姆吉瑞门

图6-32 珍珠清真寺内部

口左手边的建筑叫做佘西宫殿（Sheesh Mahal），建于1631—1632年，也由沙·贾汗建造。佘西宫殿平面呈半八角形，建筑主体由白色大理石建成（图6-33）。建筑的内部用复杂的镜面镶嵌工艺以及不同颜色的水晶玻璃共同装饰，营造出一种闪闪发光的效果，佘西宫殿因此也被称做“镜宫”。拱形的天花板上绘制了丰富的壁画并施以镀金，地面由浅色的几何图案面砖拼贴，入口柱式上柱头与柱础的雕刻同样尽量完美，使得整个宫殿内部都洋溢着奢华的氛围（图6-34）。在阿格拉城堡以及琥珀堡都有采用同样装饰手法的宫殿。佘西宫殿的东面是一个小型的合院空间，主体建筑为一个造型别致的小凉亭，叫做纳乌拉克哈凉亭（Naulakha Pavilion）。这座凉亭约建于1633年，由沙·贾汗修建，虽然体量小，竟然耗资90万卢比。它的特别之处在于，凉亭顶部建造了特别巨大的曲面拱形屋顶。这是一种由印度东部的孟加拉地区传来的屋顶形式，不仅造型华丽，还利于雨水的排放（图6-35）。

图6-33　佘西宫殿立面

图6-34　佘西宫殿内部

图6-35　纳乌拉克哈凉亭

凉亭的内部极尽奢华，墙壁上镶嵌着宝石和银制的纹样，并使用上釉的瓷砖和马赛克来装饰门拱和制作外墙面装饰用的花卉图案。此外，在纳乌拉克哈凉亭背后的城墙上，沙·贾汗还别出心裁地要求工匠们用精美的瓷砖拼贴了一面 6 000 多平方米的艺术墙，集合动物、植物、人像、小型壁龛、几何图案等各种装饰元素于一体（图 6–36）。装饰的繁复程度已然不是一般城堡可以相媲美了，只能用惊叹二字形容。

图 6–36 拉合尔城堡精美的艺术墙

6. 阿格拉城堡

阿格拉城堡，又名阿格拉红堡，位于阿格拉的中心地带，亚穆纳河的西岸，距离东面的泰姬·玛哈尔陵只有 2.5 公里，是莫卧儿帝国的权力中心。这是一座巨大的城堡，像是一座有着围墙的城市。阿格拉城堡的历史可以追溯至 11 世纪，德里苏丹国的洛迪王朝时期，统治者第一次将首都迁至阿格拉并进驻在阿格拉城堡内。1565 年，莫卧儿皇帝阿克巴将他的资产全部搬到阿格拉，并开始在原有基础上建造属于自己王朝的城堡，他雇用 4 000 名工匠、耗用 8 年的时间才将城堡大致修建完成。阿克巴和贾汉吉尔先后都为这座城堡做出了巨大努力，到了沙·贾汗统治时期，沙·贾汗继续完善着前人的建设成果并最终将阿格拉城堡建造成一座无与伦比的皇家都城。高峻的城墙由先辈阿克巴和贾汉吉尔所建，全部使用红砂石砌造，沙·贾汗即位后，在城堡的内部又添置了一些宫殿类的建筑，最终使其成型。雄伟的阿格拉城堡有着 2.5 公里长的城墙体系，拥有众多建筑，并将传统的印度建筑风格和伊斯兰建筑风格进行了较好的统一。

阿格拉城堡平面接近于半圆形（图 6–37），南北长约 760 米，东西宽约 530 米，有两处主要的出入口。一处是南面的拉合尔门[1]，一处是西侧的德里门（图 6–38）。

1 拉合尔门也普遍被称为阿玛尔·辛格门（Amar Singh Gate）。

伟大的德里门面朝城堡西侧的城市，建造于1568年，肩负着守卫城堡安全的重任，被认为是阿克巴时期最伟大的四座城门之一。德里门整体红色，局部点缀了一些白色的大理石。德里门前有木质吊桥，用来连通被护城河分隔的城堡内外。进入德里门是一座矩形的瓮城，在此需要转90度才能进入象门，由于空间狭小不利于进攻，因此大大增强了整座城门体系的防御能力。

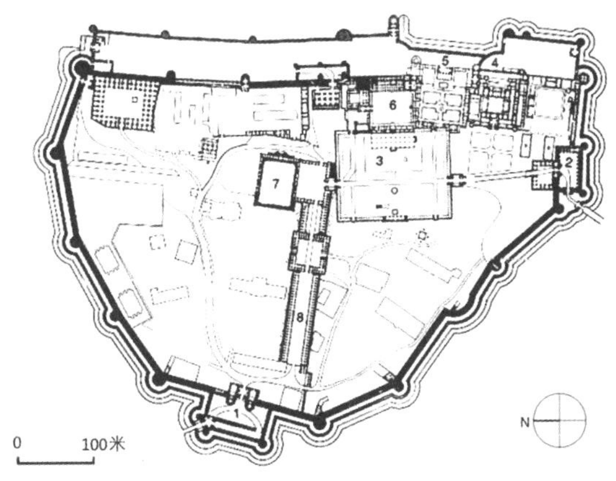

图6-37　阿格拉城堡平面图

1德里门；2拉合尔门；3公众会见大厅；4贾汉吉尔宫殿；5后宫和葡萄园；6私人会客大厅；7珍珠清真寺；8集市

图6-38　阿格拉城堡德里门

通过象门后就进入了城堡内部，其右手边是一座大型的莫卧儿花园，供城堡内的贵族们使用。径直向前是沙·贾汗统治期间都会在城堡内部建造的珍珠清真寺（图6–39），拉合尔城堡和德里红堡内的珍珠清真寺规模小一些，阿格拉城堡内的是最大最好的一座。它建于1648年，位于公众会见大厅的北部，完全用白色大理石建造而成。清真寺礼拜大殿位于西侧，其余三边为回廊，中央是一方型的庭院，庭院中心是一个大理石的喷泉。礼拜大殿的正立面为七个连续的波纹状拱门，屋顶上对应七个小型的装饰性卡垂，卡垂后面是三个升起的大型鳞茎状穹顶，增强了整座清真寺的美感。拱门上方挑出宽大檐口，对立面起到一定的保护作用。这些建造细

图6-39　阿格拉城堡珍珠清真寺

节不仅成为沙·贾汗时期的建筑特色，而且成就了这座清新淡雅的清真寺“世界上最美的私人寺院”之名。

珍珠清真寺的对面是阿格拉城堡大型的公众会见大厅（图 6–40）。公众会见大厅建于 1.25 米高的红色砂岩基座上，主体为白色，三面开敞，内部共有 48 根精心雕刻的支柱支撑起单层屋顶。大厅前方是一个大型的集散广场，供前来觐见的民众使用。每当有重大节庆活动，大厅也可以转换成大型的节日舞台供民众使用，很是方便。1635 年 3 月，沙·贾汗在阿格拉城堡的一次盛大的朝见大会上在此登上价值连城的孔雀宝座。著名的孔雀宝座由娴熟的工匠历时 7 年打造，花耗用 1 000 万卢比的钻石和宝石进行装饰，华美至极[1]。

公众会见大厅的后方一直到拉合尔门的沿河地段是较为私密的生活区，其中包含后宫、葡萄园、贾汉吉尔宫殿、阿克巴宫殿以及沙·贾汗的休憩之所。后宫靠近城堡边缘的地方有一座建造于 1637 年的八角塔（图 6–41），原本是为皇后泰姬·玛哈尔建造的，这里可以欣赏到美丽的沿河风光。八角塔的护墙板上雕刻着精致的植物纹样，与泰姬·玛哈尔陵的细部较为接近，护板上镶嵌有半宝石，十分华丽。沙·贾汗在晚年时被自己的儿子囚禁于此，只能终日凝望远方妻子的陵墓——泰姬·玛哈尔陵。

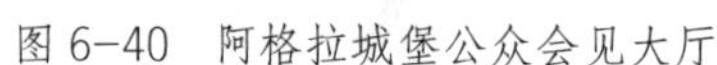
图 6–40　阿格拉城堡公众会见大厅

图 6–41　阿格拉城堡八角塔

7. 红堡

红堡位于德里老城的东侧、亚穆纳河的西岸，于 1638 年沙·贾汉计划从阿

1 孔雀宝座在 1739 年被波斯的入侵者搬运出印度时毁坏。

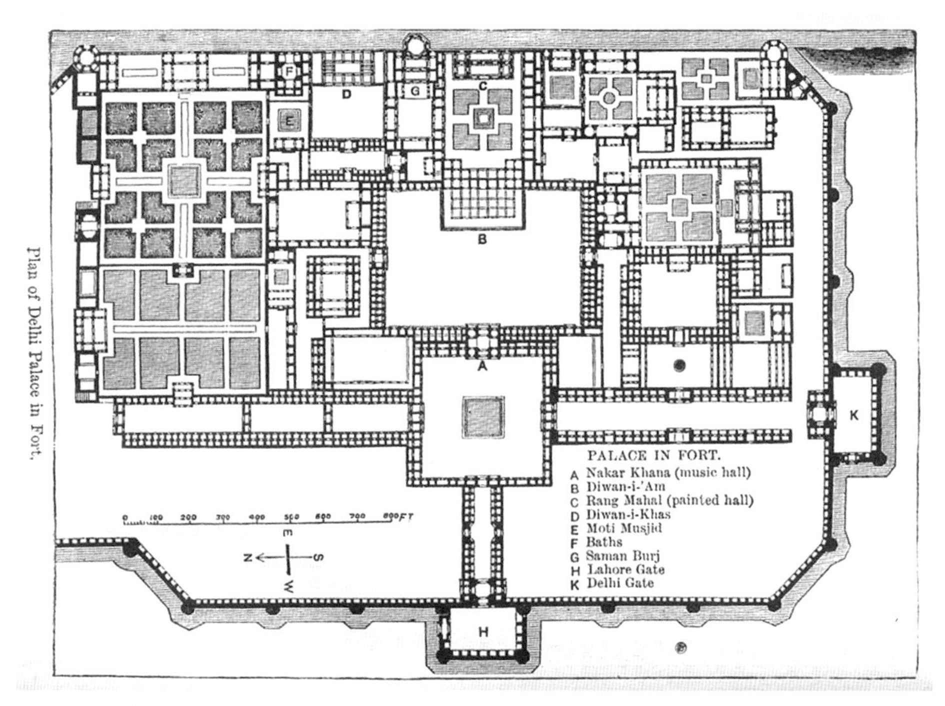

图 6-42　德里红堡平面图
A 鼓乐厅；B 公众会见大厅；C 彩宫；D 私人会客大厅；E 珍珠清真寺；F 浴室；G 八角塔；H 拉合尔门；K 德里门

格拉迁都德里时建造，1648 年完工，是德里在历史上新建的最后一座城堡，正式命名为沙贾汗纳巴德，因城墙全部以红色的砂石砌筑而得名“红堡”（图 6-42）。红堡墙城高达 18 米，双重红砂石结构，延绵 2 公里。红堡南北长 970 米，东西宽 490 米，占地面积约为我国紫禁城面积的一半。城堡内部的宫殿根据伊斯兰风格宫殿原型进行设计规划，每一座亭阁都包含莫卧儿时期的建筑元素在内，同时充分融合帖木儿、波斯以及印度当地的传统元素。红堡本身较为新颖的建筑风格以及园林景观的设计对之后德里、拉贾斯坦、旁遮普等地区的建筑与园林的发展都产生了深远的影响。2007 年，德里红堡列入《世界文化遗产名录》。

红堡的正门位于城堡西侧，名为拉合尔门，因其开门方向指向远方的拉合尔而得名（图 6-43）。拉合尔门前有类似中国城门中瓮城的区域，用于战时防御。整座城门高约33米，红色砂岩材质，下部开有大型拱门，门身有一片片的装饰面板，顶部是一排火焰状的城垛及由 7 个白色小型卡垂构成的空廊，空廊两侧各有一座细细的高塔，这些构成了整座城门的轮廓线。进入拉合尔门是一条长达 144 米的

图 6-43 红堡拉合尔门

图 6-44 红堡鼓乐厅

名为查哈塔市集（Chhatta Chowk）的通道，商铺分布在宽敞的通道两侧，上面覆以一排排高大的拱形屋顶，充满了序列感。市集的尽头是一个开敞的庭院，庭院尺寸为 160 米 ×110 米，皇家乐队演奏音乐的鼓乐厅（Naubat Khana）正位于庭院末端的中央处，这里也是人们进入宫殿前下车马的地方（图 6-44）。

穿过鼓乐厅正式进入城堡的宫殿部分。首先进入视线的是正前方开阔的草坪后的公众会见大厅。该建筑矩形平面，长 160 米，宽 130 米，三面开敞，内部排满了柱廊，波纹状连续拱券的红色砂岩外立面配以上方单层的白色屋顶显得轻盈又有力量，顶部两端还建有卡垂，打破了单调的天际线。统治者在这里倾听百姓的声音。公众会见大厅中央有一处凸出的白色大理石制造的高台，上覆孟加拉式的曲面屋顶，并镶嵌华丽的彩石纹理（图 6-45），高台后是一面由五彩斑斓的石

图 6-45 红堡公众会见大厅

头拼贴成的墙壁，中间开有石门进出公众会见大厅（图 6–46）。

图 6–46　公众会见大厅的中央高台

红堡的私人会客大厅位于公众会见大厅的东北方向不远处，用于会见臣子和宾客。该建筑体量不大，是一座 27.4 米 ×20.4 米的单层亭台式宫殿，开间 5 跨，进深 3 跨加 2 个小跨，形式和公众会见大厅相似，但材质均为白色大理石，室内外装饰得富丽堂皇，屋顶上四角各放置了一座白色的卡垂。所有的列柱、拱门上都装饰着玛瑙、碧玉、红玉髓等彩色宝石镶嵌的百合、玫瑰、罂粟等花卉图案，室内天花的雕花上曾经覆有银箔。大厅中央的大理石台基上曾经摆放价值连城的孔雀宝座[1]。虽然被入侵者掠夺数次，但该建筑如今依旧气派非凡（图 6–47）。

图 6–47　红堡的私人会客大厅

1 王镛．印度美术史话 [M]. 北京：人民美术出版社，1999.

除了这些重要的建筑以外，还有诸如浴室、后宫、镜宫等附属建筑与私人会客大厅连成一条直线分布在红堡靠近亚穆纳河的一侧，这些建筑都由白色大理石建造，并镶嵌着五颜六色的彩石。此外，同拉合尔城堡一样，红堡之内也有一座自己的珍珠清真寺。这座清真寺位于浴室的西侧，由奥朗则布于1659年修建，通体纯白，开间3跨，进深2跨，屋顶覆以3座球型穹顶。礼拜大殿坐落在高于中央院落的平台之上，庭院中心有一方沐浴用的喷泉（图6-48）。

图6-48　红堡珍珠清真寺

第二节　清真寺

清真寺[1]，字面意思是“跪拜之地”，即穆斯林跪拜真主、进行默祷和礼拜的地方。对于一位穆斯林而言，任何可以用于朝拜的地方都是清真寺，即使它只是一座临时性的建筑。清真寺作为一种独立的建筑形式在伊斯兰教创立一个世纪之后出现，寺内没有明确的崇拜对象，只供信徒聚集在一起，拥有独特的建筑特点和技术形式。世界上的清真寺以圣地麦加为中心发散出去。在每一座城镇或城市中都设置一个主要的清真寺，名为贾玛清真寺。贾玛清真寺为地区所有的男性于每周五前来集体朝拜而设置，因此也称做“星期五清真寺”。随着人口的增长及穆斯林队伍的壮大，每座城市出现了大量规模较小的清真寺供人们日常使用。除了最主要的每日朝拜的功能外，清真寺还有一些附加功能，如宣告法令法规，教儿童学习《古兰经》以及为死者举行特殊仪式。

最初的清真寺建筑要求简单，只需一个足够容纳前来朝拜的人们的空间，例如一堵墙、一个单独的小广场。后来渐渐地增加了一些其他功能，如在朝向麦加朝拜的墙上的祈祷壁龛米哈拉布、为伊玛目[2]提供讲经布道的讲台敏拜尔（Minbar）、

1 Mosque 为清真寺的英文，Masjid 为阿拉伯文，两者在意义上无差异。

2 伊玛目指公共礼拜时候的领拜人，也可指穆斯林大众的最高领导人，与哈里发相当。

每天为了号召信徒们进行朝拜的宣礼塔（Minaret）、只为开斋节和宰牲节设立的祈祷之处（Idgah）等，清真寺的形式也随着这些功能需求渐渐丰富了起来。

图 6-49 果阿邦纳马扎尬清真寺

位于果阿邦（Goa）的纳马扎尬清真寺（Namazgah Mosque）是清真寺原型最好的说明（图 6-49），它由一个封闭空间和礼拜墙构成，米哈拉布、敏拜尔、低矮的锥形宣礼塔也一应俱全，为附近的居民提供了良好的礼拜场所。

到了 7 世纪末，清真寺的功能和形式已经基本形成，它具有如下特点：

礼拜殿（Prayer Hall）：有足够大的空间供信徒们使用，多柱式结构，可以根据需要进一步扩大。顶部由穹隆顶覆盖，象征着天堂和天空。

米哈拉布：礼拜殿的一侧朝向圣地麦加方向的墙壁名为朝拜墙（Qibla Wall），米哈拉布是朝拜墙上一中空的壁龛空间，供奉着先知。米哈拉布为礼拜殿内部装饰性最强的地方，作用在于指示麦加的方向。

敏拜尔：为伊玛目宣读经文、发布公告、讲道的地方，设置于米哈拉布的右侧。敏拜尔的历史可以追溯到伊斯兰教初始的先知时期，最初为只有三级的高高的凳子，比较简陋，后发展成为十级的顶部带有座位的小亭子，上覆有华盖，周边有石质或者木质的雕刻装饰，异常精美。

中心庭院（Sahn）：清真寺唯一的外部空间，联系周围的拱廊和礼拜殿。庭院中心或者一侧设有喷泉，供信徒们礼拜前清洁身体。喷泉不只具有仪式上的重要性，同时还给整座清真寺提供纯净的氛围。

宣礼塔：号召信徒进行一日五次礼拜的地方，内部设有楼梯供宣礼员登上塔尖，是清真寺内部重要的结构构件之一。宣礼塔使宣礼员的声音传遍城镇各处，同时也方便人们最直观地发现清真寺所在，中国称宣礼塔为邦克楼。

中东地区的清真寺不论规模大小，基本都采用一种形制：以庭院为中心，四周被大致相同地分为由拱廊或者柱廊建造的空间，进深差别不大。当清真寺在印度大陆出现发展后，这一形制发生了变化。中心庭院不变，四周空间的划分有了不同，主要的礼拜殿被强调出来，进深大且雄伟，其余三边建成次要的廊道来使用。

因麦加位于印度大陆的西部，因此印度清真寺绝大多数以东侧为主入口，西侧为礼拜殿，中心围合成一个开放空间，且往往将东侧的入口做得异常宏大，以达到与其他入口区分的目的。对于一些小型清真寺，印度当地采用取消中心庭院的做法，由东侧入口的小前院直接连接长方形的祈祷室，简洁明了。

1. 库瓦特·乌尔·伊斯兰清真寺

库瓦特·乌尔·伊斯兰清真寺属于德里地区风格，字面意思为“伊斯兰的力量”，位于新德里南郊15公里外的库特卜建筑群（Qutb Complex）内，是德里第一座清真寺，由拉合尔古尔王朝的苏丹库特卜·乌德·丁·艾巴克于1192年攻下德里后的第二年建造。建筑选址在原德里最大的印度教庙宇群内，据说这里曾经有27座大大小小的印度教神庙。规模庞大的库特卜建筑群就建在印度教庙宇群遗址上，其修筑材料大部分从被毁坏的印度教庙宇的遗存中收集而来。库特卜建筑群有内外三层围墙构成三重院落空间（图6–50），第一重院落空间为清真寺，第二重是库特卜高塔所在的院落，第三重是一直没能完工的阿莱高塔所在的院落。建筑群的主入口位于第三重院落的南侧，被称做阿莱·达瓦扎。主入口为方形平面，由红色砂岩构成配以白色的大理石镶嵌作为装饰，立面中央开拱门通廊，顶部覆有半圆形穹顶，是印度第一座采用标准的伊斯兰建筑结构与装饰原则建造的建筑，具有里程碑的意义。

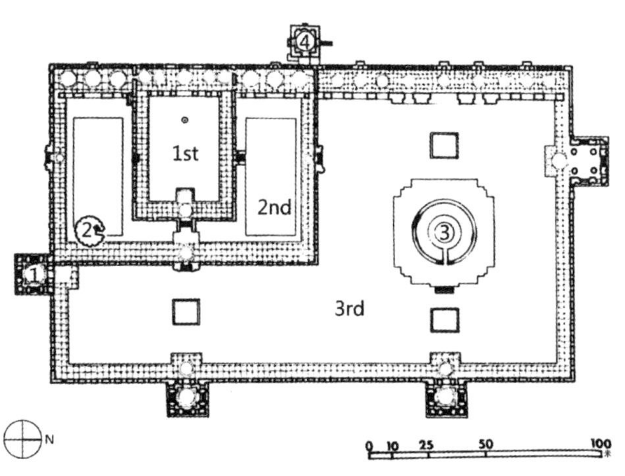

图6–50　库瓦特·乌尔·伊斯兰清真寺平面图
1 阿莱·达瓦扎；2 库特卜高塔；3 阿莱高塔；4 伊勒图特米什墓

整座清真寺建造在一座被摧毁的印度教寺庙的底座上，坐西朝东，建筑平面由原来的底座扩大至50米 ×70米，内庭院的尺寸为35米 ×47米，被一圈回廊包围起来。东侧入口的回廊进深三跨，南北两侧的回廊进深两跨，回廊的柱子同样取自印度教寺庙，为了取得理想的高度，工匠们将两根柱子叠置起来。西侧的圣殿（礼拜殿）进深五跨，平面的单位进深与开间的尺寸更大，空间更开阔，承重结构上支撑着一系列共五个内凹的拱形屋顶，中间为大拱。礼拜殿前的广场中心矗立着一根4世纪建造的铁柱（图6–51），高约7米，至今保存基本完好，只是铁柱顶部的金翅鸟已然损毁。1199年，在礼拜殿与广场之间，工匠们用华丽的浮雕装饰建造了一座有五个洋葱头形拱券构成的砂岩屏墙（图6–52）。屏墙高16.7米、宽61米、厚2.8米，其拱券还不是正真意义上的拱，为叠涩而成。由此可见这些建筑形式是印度教泥瓦匠们在外力的施压下委曲求全的产物。中央的大拱券高15米，跨度7米，两侧的四个拱券高6米，其上分别有一个天窗形式的小拱券（现已毁坏），主要起装饰作用。拱券顶部的“S形曲线”由印度佛教建筑鹿野苑佛塔拱门上的曲线发展而来。浮雕包含印度教的圆形花饰、佛教的波状花纹、伊斯兰教的库法体（Kufic）和纳斯赫体（Naskhi）文字组成的书法图案，集中体现了不同教派的艺术特色，也格外彰显出伊斯兰的力量。

图6–51　广场中心铁柱

图6–52　砂岩屏墙

在清真寺的东南角还有一座精美的纪念建筑——库特卜高塔（图6–53），这

图 6-53　库特卜高塔

是一座胜利之塔，字面上是记功柱之意，塔身上的铭文密密麻麻地记录着它所承担的历史功绩，将伊斯兰的精神在印度的土地上散播开来。库特卜高塔是新王朝权力的象征，与库瓦特·乌尔·伊斯兰清真寺同年开始建造，由红色和黄色相间的砂岩及大理石仿造贾玛清真寺宣礼塔的形式建造而成，高 72.5 米。塔身平面为极为复杂的星形，其复杂之处在于一层平面圆弧棱与方角棱相间，二层平面全部弧形棱，三层平面全部直角棱，四层平面为光滑的圆形，五层平面下部为光滑圆形，上部为圆弧棱，由此可见一斑。塔身底部直径为 14.3 米，经内部 379 级螺旋踏步到达塔顶后直径缩小至 2.5 米。塔身分为五层，下三层为纯砂岩建成，上两层采用砂岩与大理石材质，层与层之间由钟乳状梁托支撑的上部带栏杆的阳台隔开。塔身所有的雕刻均为伊斯兰文字及花纹，不再有印度教与佛教建筑元素的痕迹。整座塔渐渐向上收分，有很强烈的高耸感和韵律感，坐落在清真寺东入口边，和主入口形成极具艺术感的不对称构图。库特卜高塔所在的第二重院落由左右两个狭长型院落构成，按穆斯林的习俗在每个广场中央都放置了水池，广场的西端同样有连拱屏墙，屏墙后面是覆时穹顶的祈祷室。

2. 阿塔拉清真寺

阿塔拉清真寺属于江布尔风格，位于江布尔主城区西 1 公里处，由沙姆斯·乌德·丁·易卜拉欣（Shams-ud-Din Ibrahim）于 1408 年建造完成，建筑初期的基础是 30 年前由菲鲁兹·沙阿·图格鲁克打下的。这座清真寺也建在一座印度教寺庙的遗址上，原寺庙名为阿塔拉·德维（Atala Devi），新建的清真寺沿用了之前寺庙的名字。虽然这是一座由穆斯林统治者建造的清真寺，但在它身上体现出诸多印度建筑风格的影响，为以后江布尔地区清真寺的建造提供了参考原形。

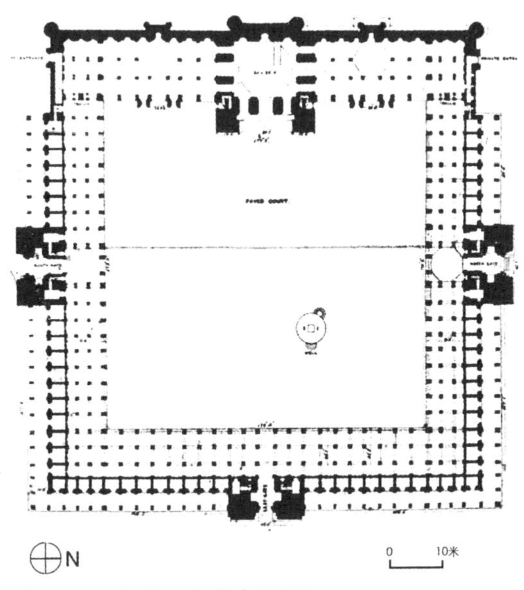

图 6-54　阿塔拉清真寺平面图

阿塔拉清真寺的平面呈方形（图 6-54），外尺寸 86 米见方，中心庭院尺寸 59 米见方，四周的进深等距都为 14 米，与德里苏丹地区清真寺的平面不同。庭院北、东、南三面为回廊，进深五跨，除北侧和南侧入口中央为一二层贯通的大空间，覆穹顶，其余部分的回廊都是两层的，东侧主入口无穹顶。回廊一层的沿街走廊里为游客及商人提供了住宿的空间。礼拜殿中央立面是一个高耸的塔桥状的屏门（图 6-55），25

图 6-55　阿塔拉清真寺礼拜殿

米高，18.3 米宽，中间是一个很浅的伊旺，包含了礼拜殿的入口及照亮礼拜殿的窗户。两个塔桥状的屏门结构被缩小后放置在中央立面两侧，与中央立面一起撑起了主立面共同的旋律。礼拜殿内部是一个 12 米 ×10 米的大厅，上覆有一大型的半圆形穹顶。两边有耳堂，耳堂各有一小穹顶。礼拜大厅内部西侧墙面有三个并排的米哈拉布及一个敏拜尔，大厅的上方四角由四个内角拱（Squinch）将方形平面划分成八边形，再由支架组成一个十六边形的支撑结构来撑起上部的穹顶，可谓是艺术与技术的巧妙结合。

清真寺内部的穹顶高 19 米，由一圈圈石材堆叠而成，表面施一层水泥使其形状更为丰满。耳室为多柱式结构，中央有一个八角形的底座支起一个较小的穹顶。在两侧耳室的尽头建造了夹层，楼上用镂空的石质屏门为前来做礼拜的穆斯林妇女提供单独的空间，这是很大的进步。西侧墙外的沿街立面，由于内部是大的祈祷空间，不易跟随功能而做得美观，因此建造者在平面每个对应穹顶的开间处都做了凸起，每个凸起的两角又添加了锥形的角楼，从而解决了这一问题（图 6-56）。

图 6-56　阿塔拉清真寺西侧沿街立面

3. 曼都贾玛清真寺

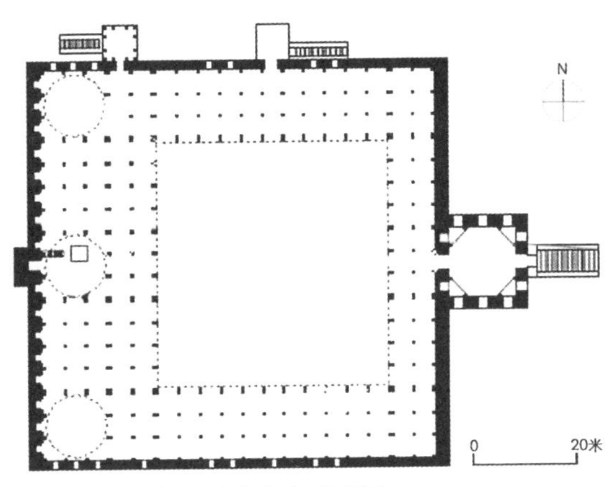

图 6-57 曼都贾玛清真寺平面图

图 6-58 曼都贾玛清真寺入口

图 6-59 曼都贾玛清真寺中心庭院

曼都贾玛清真寺（Jama Masjid，Mandu）属于马尔瓦风格，由候尚·沙阿开始建造，后于1440年由马哈茂德一世完成，位于曼都城的北部中央地带。整座清真寺平面为边长96米的正方形主体，东侧突出一个24米见方的正方形入口（图6-57），入口外连接一跑大台阶。清真寺北侧还有两个小的入口，分别为牧师和妇女专用。曼都贾玛清真寺最特别之处在于整座建筑坐落在一座高台之上，高台底座的前部分是由拱廊组成的一个个房间，可以作为客店给前来朝拜的信徒们使用（图6-58）。入口门厅的顶部覆有三个与庭院对面礼拜殿屋顶上相同的大穹顶，四个角上还有四个小型的装饰顶，和方形的入口立面一起构成和谐的比例，同时也颇具气势，这是受到了大马士革大清真寺的启发。走上大台阶穿过入口门厅就是清真寺的中心庭院。中心庭院54米见方，四边被连续的廊道包围，每条廊道都整齐地排列着11个拱门，庭院中央为联系入口门厅与礼拜殿的道路，两侧做了大面积绿化（图6-59）。

图 6-60　曼都贾玛清真寺米哈拉布

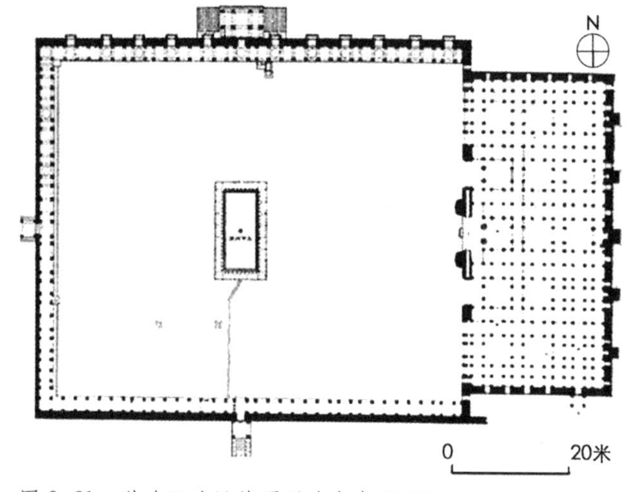

图 6-61　艾哈迈达巴德贾玛清真寺平面图

南北两侧柱廊进深三跨，东部入口柱廊进深两跨，西部的礼拜殿进深五跨。现存的清真寺南北两侧都有不同程度的损坏，廊道不再完整。除了礼拜殿屋顶上的三个较庞大的穹顶外，其他每一跨开间与进深之间都均匀地分布着筒状的圆顶，共有158个之多，比艾哈迈达巴德贾玛清真寺还要夸张。

清真寺的设计总体上给人以庄重、宁静之感，不太注重建筑外部的装饰但也不草率，建筑内部特别是礼拜殿米哈拉布和敏拜尔的装饰做得很到位（图6-60），虽然颜色和材料相对比较收敛，但是雕刻细节精致、典雅，值得慢慢品味。

4. 艾哈迈达巴德贾玛清真寺

艾哈迈达巴德贾玛清真寺属于古吉拉特风格，位于城区的中心地带，由艾哈迈德・沙阿于1424年建成。这座清真寺被认为是印度西部建筑水平较高的一座，全部由黄色的砂岩建造而成，其精华所在都集中于礼拜殿。

礼拜殿外的中心庭院尺寸为85.0米 ×73.3米，石板铺地，庭院西侧为礼拜殿（图6-61），其余三侧为柱廊并各有一个出入口。建筑师将洋葱头拱状屏门和多柱式门廊两种方式结合到一起，塑造了礼拜殿的正立面。屏门位于中央，门廊位于两

图 6-62 艾哈迈达巴德贾玛清真寺礼拜殿立面

侧（图 6-62）。两种元素的并置使立面产生了强烈的虚实对比，轻快的光影洒进幽深的柱廊之间，营造了静谧神圣的氛围。屏门的中央拱券两侧各有一粗壮的桥墩型柱子，雕刻精美。其上原本有一对高耸的宣礼塔，后因 1819 年发生的地震被破坏，现已消失（图 6-63）。两座较小的拱门被置于屏门左右。透过中央的拱门，可以从阴影中看见锯齿状的造型拱从内部细细的柱廊间映衬出来。

图 6-63 艾哈迈达巴德贾玛清真寺光塔复原图

礼拜殿的平面是一个 70.0 米 ×31.7 米的矩形，平面上紧密地排列着约 300 根修长的柱子，柱距严格控制在 1.7 米左右。所有的柱子被平均地分布在礼拜殿平面内，并按照一定的规律支撑起了屋顶五列三排共 15 个穹顶，每个穹顶周围还有 4 个小穹顶。从天空俯瞰，艾哈迈达巴德贾玛清真寺极具创意。礼拜殿正中大穹顶所覆盖的空间被分割成三层，第一层为方形平面，第二层为方形环状平面，第三层为一圈八边形游廊，顶上覆以大穹顶（图 6-64）。左右两侧被分割成两层，再侧边的柱廊为一层。

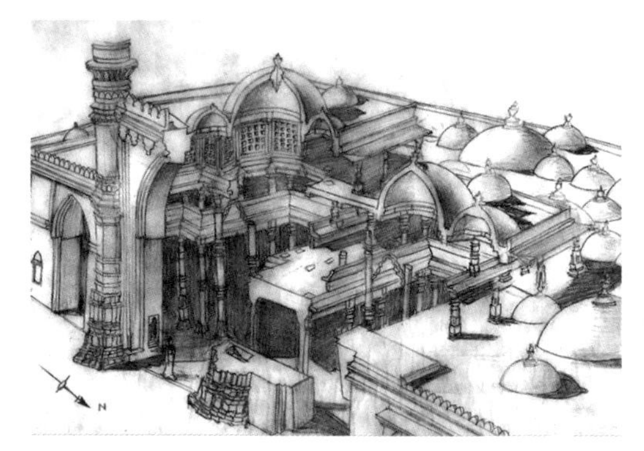

图 6-64　艾哈迈达巴德贾玛清真寺剖透视图

艾哈迈达巴德贾玛清真寺总的来说主要受到印度教建筑的影响，不管是庭园周边环形游廊的柱子还是礼拜殿入口两侧光塔上错综复杂的雕刻，甚至是礼拜殿内部上方的锯齿状构件，都来源于印度教建筑形式。艾哈迈达巴德贾玛清真寺是印度教与伊斯兰教文化相互融合的产物，同时也体现出艾哈迈德·沙阿对于不同宗教建筑的包容性审美情趣。

5. 法塔赫布尔·西克里贾玛清真寺

法塔赫布尔·西克里贾玛清真寺（Jama Masjid，Fatehpur Sikri）位于法塔赫布尔·西克里城堡建筑群的西南角，由阿克巴于 1571 年建成，是印度现存较大的清真寺。整体为传统的清真寺形制，平面为 180.7 米 ×146.0 米的矩形，内部有一个巨大的中心庭院，西侧为礼拜殿，其余三侧包以回廊(图 6-65)。起初建造时有北门、东门、南门三个入口，现只有东门与南门保留了下来。从清真寺的布局及装饰来看，综合体现了伊斯兰教、印度教以及耆那教在内的建筑风

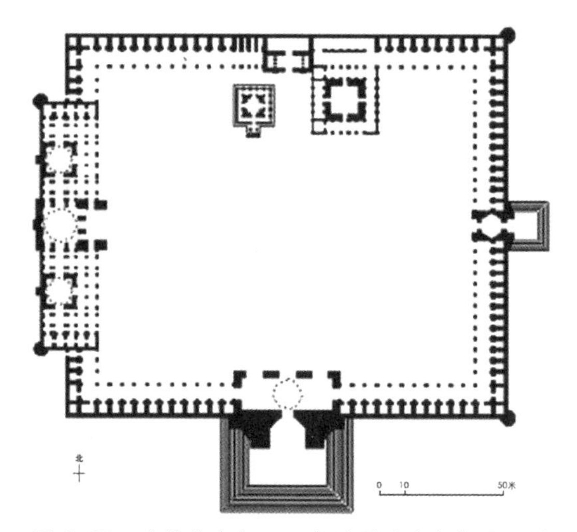

图 6-65　法塔赫布尔·西克里贾玛清真寺平面图

图 6-66　法塔赫布尔·西克里贾玛清真寺礼拜殿立面

格。整体建筑形制与古吉拉特邦、江布尔地区类似，这与阿克巴同时期占领过两地有关。

礼拜殿的外立面（图 6-66）由中间的山墙和两翼的柱状拱廊构成，山墙中央是一方大型的伊旺，不论是山墙顶部还是拱廊顶部都有大量的印度教建筑装饰性卡垂成排地出现，打破了原本单调的建筑轮廓线。礼拜殿的中央大殿顶部有一个圆形主穹顶，两侧还有一对较小的穹顶加以陪衬。方形的中央大殿由一主两次入口与外部庭院联系，两翼拱廊同步拱门与大殿连接。在西端的墙上有着装饰精美的对应入口的一主两次米哈拉布及一座简洁的三级敏拜尔，梁架结构与拱结构相辅相成，相得益彰。

图 6-67　法塔赫布尔·西克里贾玛清真寺布兰德·达瓦扎

清真寺的南侧是一座巨型的门楼建筑，名为布兰德·达瓦扎（Buland Darwaza，图 6-67）。这座通往清真寺的大门是为了纪念阿克巴的战功在清真寺修建完成之后加建上去的，由红色和浅黄色砂岩砌筑，用白色与黑色大理石进行装饰。建筑高达 54 米，面宽 43 米，进深 41 米，门前的大台阶垂直高度 14 米，异常雄伟，屋顶上以大小不一的成排的卡垂装饰立面。这座门楼建筑可以分为两个部分，一是正面高大的屏门及巨大的伊旺，一是屏门后方低矮的与清真寺庭院相联系的空间。正面的屏门整体是弧形的，由中间的正立面和两边的侧立面构成，平面类似八边形的一半。屏门正立面面宽 28.7 米，大部分表面为洋葱形的拱门及内部拱顶，拱门外部还有多重的框形装饰线脚及书写伊斯兰碑文的边框。内部的半穹顶由 5 个不同角度的立面垂直延伸到地面，拱顶与立面之间通过内角拱很好地进行了过渡。侧立面轴线对称，从上到下为三段式划分，上下开有伊旺，中间为一排三个拱形窗洞，立面的顶部用穿孔的城垛形栏杆和小尖塔搭配卡垂。屏门后方部分则做得比较低调，由三个拱门连接庭院，立面采用了和两翼拱廊相同的处理手法，使它们自然地连接在了一起。

在中央广场的北侧还有红色砂岩建造的伊斯兰可汗墓（lsa Khan Tomb）及白色大理石建造的萨利姆·奇什蒂陵（图 6-68）。萨利姆·奇什蒂墓建成于 1581 年，占据了整座清真寺比较核心的位置，面对布兰德·达瓦扎，坐落在 1 米高的

图 6-68　法塔赫布尔·西克里贾玛清真寺萨利姆·奇什蒂陵

底座上，供奉着苏菲圣人萨利姆·奇什蒂。这座陵墓的主体风格是古吉拉特式陵墓，掺杂了印度教、耆那教、伊斯兰教的建筑元素。主墓室由一圈精致雕刻的大理石迦利围绕，陵墓位于墓室的正中，上方由半圆形的穹顶覆盖，地面为黑色与黄色的大理石拼成的几何马赛克图案饰面，无处不显露着高贵、纯净的氛围。建筑的外立面嵌着迦利式的雕窗，每块迦利面板都包含极为复杂的几何图案雕刻，样式丰富。门拱的拱肩上有莲花状（Padma）的图案[1]，倾斜的大理石屋檐覆盖了建筑周围一圈，由若干古吉拉特风格的S形仿木构梁托支撑，并与雕有几何与花卉图案的迦利石板结合在一起，造型十分优美（图6–69）。

图6–69　S形的仿木构的梁托支撑

6. 拉合尔瓦齐尔汗清真寺

拉合尔瓦齐尔汗清真寺位于拉合尔古城的东部，是一座城市次中心地带历史悠久的清真寺，距离拉合尔城的德里门仅260米，由沙·贾汗于1634年修建，被誉为“拉合尔面颊上的一颗痣”，以其表面精美的彩色瓷砖饰面而闻名。建造者将旁遮普地区能收集到的砖块、釉面砖、灰泥等建筑材料都运用到这座清真寺上，并在与德里门以及两者之间的集市之间创造了舒适而整体的外部环境。

瓦齐尔汗清真寺的平面呈一个大的四边形，主入口位于东侧，礼拜殿位于西侧，中央庭院为52米×38米的矩形平面（图6–70），中心偏入口一侧设有一方形的水池。庭院四角各设置一座36米高的宣礼塔，顶部有一圈阳台及卡垂，内部由旋转楼梯直达顶部。主入口由于进深较深的缘故，现已结合门口的公共空间成为集市的一部分，该区域的南北两端各设了一个小型出入口供人们使用。在清

1 Padma，莲花、圣莲之意，是一种古老的印度教象征，代表生长，在印度教庙宇中它出现的地方意味着是重要场所，后成为莫卧儿时期普遍的重要装饰性图案之一。

真寺中央庭院下埋藏了赛义德·穆罕默德·伊沙克（Syed Muhammad Ishaq）的陵墓，可以通过中央庭院内的专门楼梯通道进入墓室，现已成为清真寺的一部分（图6–71）。西侧的礼拜殿开间五跨，进深一跨，屋顶由五个比正常鳞茎状穹顶扁一些的穹顶覆盖，中心的穹顶比两侧尺寸更大一些。

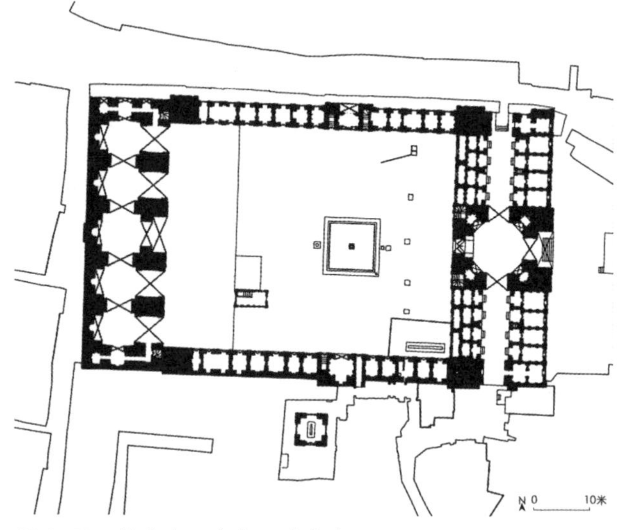

图 6–70　拉合尔瓦齐尔汗清真寺平面图

瓦齐尔汗清真寺主要的建筑与艺术特点在于建筑室内和室外丰富的表面装饰。建筑的外表面除了本身的砖墙和石膏抹面外，还镶嵌大量的彩色釉面瓷砖，瓷砖上精美的图案描绘了植物、《古兰经》的书法作品以及圣训的诗句（图6–72）。墙面上浅浅的壁龛中都镶嵌了釉面马赛克装饰，用带有一层黄色薄涂的无光红砖作为边框。几何图形依然存在，但都是装在瓶中的自然主义的花束或独立的植物[1]。建筑内部的装饰则是在原本黄色砂岩的基础上添加了大量的装饰性彩绘，题

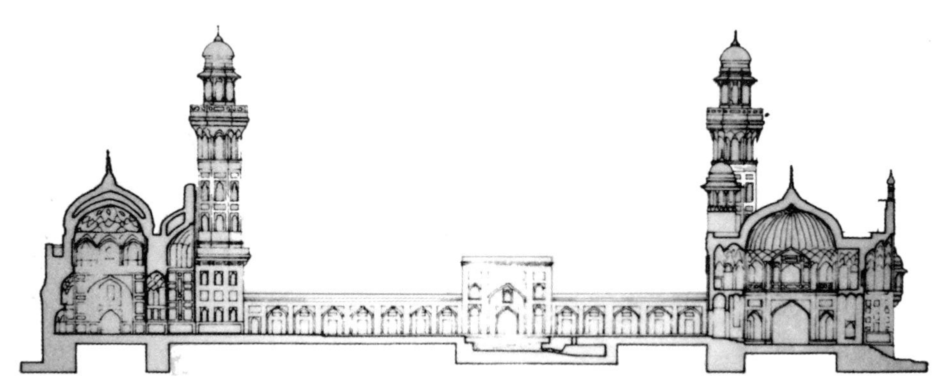
图 6–71　拉合尔瓦齐尔汗清真寺剖面图

1 [美]约翰·D霍格．伊斯兰建筑[M]．杨昌鸣，陈欣欣，凌珀，译．北京：中国建筑工业出版社，1999.

图 6-72　拉合尔瓦齐尔汗清真寺主入口立面

材多以植物、几何图案为主，炫彩夺目（图 6-73）。

目前，由于长期受到雨水的侵蚀和各种不恰当的商业活动泛滥，瓦齐尔汗清真寺已经遭到严重的破坏，当地政府近年来开始对其开展保护性的维修工作。

图 6-73　拉合尔瓦齐尔汗清真寺祈祷殿室内

7. 德里贾玛清真寺

德里贾玛清真寺位于德里的老城区内，距离东侧的红堡只有 500 米，是印度现存较大的清真寺之一。这座清真寺从 1644 年开始营造，由莫卧儿君王沙・贾汗主持修建，耗用十多年时间，有 5 000 多名建筑工人参与施工，花费近 1 亿卢比的建造成本，最终造就一座伟大的建筑。德里贾玛清真寺最多可容纳 25 000 人同时进行礼拜活动。

德里贾玛清真寺的形制与阿格拉的类似（图 6–74），选址于一座高地之上，方形平面，有东、南、北三个出入口，每个出入口都设有高大的台阶，营造出高高在上之感。主入口在东面，红色砂岩材质，踏上 35 级台阶之后可以看见雄伟的大门全貌（图 6–75）。大门像一座坚实的要塞一般伫立着，人们从它脚下经过时显得如此渺小。穿过大门之后，可以看见西侧的礼拜大殿以及它前面硕大的中心广场。中心广场 110 米见方，四个转角各有一座由白色大理

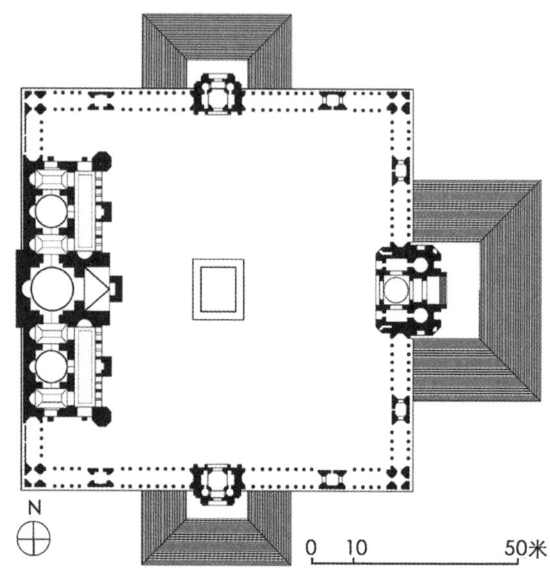

图 6–74　德里贾玛清真寺平面图

图 6–75　德里贾玛清真寺主入口

石叠成的礼拜塔，每层都有阳台和大厅，顶部是八角凉亭。广场的正中间有一个方形的水池，供人们礼拜前清洁之用。三边连续的柱廊一直通向伟岸的礼拜大殿，由于清真寺抬高而建，因此柱廊的两侧都较为开敞而不需要将外侧用围墙封闭，带来更多的舒适性（图 6–76）。

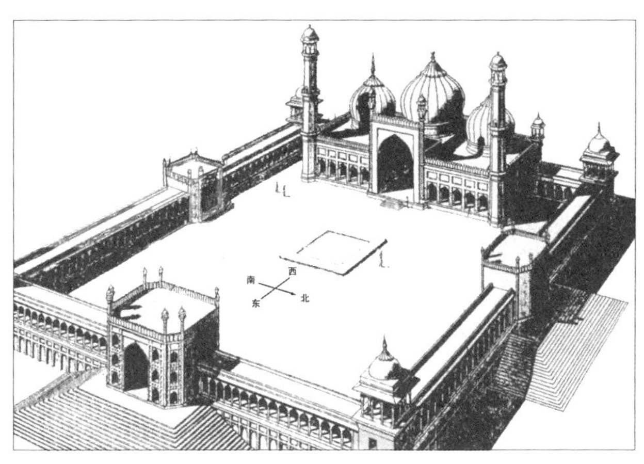

图 6–76　德里贾玛清真寺全景

图 6–77　德里贾玛清真寺礼拜大殿立面

礼拜大殿面阔 60 米，进深 26 米，正中间是一个巨大的伊旺，中央开着拱门通往室内。伊旺的顶部有着两根尖细的柱塔，相对应的礼拜殿的南北尽头各矗立一座 43 米高的宣礼塔，丰富了立面效果。与法塔赫布尔·西克里贾玛清真寺相同，德里贾玛清真寺的礼拜殿也有三座大型的鳞茎状穹顶，采用白色大理石材质，中间大两边小，表面有竖状条纹，顶部还有刹杆刺出，最高处离地近 30 米，高耸而壮丽（图 6–77）。

清真寺的门楼以及周围的柱廊部分都采用红色砂岩材质，重点需要装饰的部位则用白色大理石。礼拜大殿的材质和其他部分不同，以白色大理石为主、红色砂岩为辅，不同质感、色泽的材质以不同的对比效果组合在一起，和谐得体地呈现在人们眼前。

德里贾玛清真寺是城市中规模最大的一座清真寺，每到周五做礼拜时，这里都聚集了众多的教徒，庄重无比。随着时代的发展，这座清真寺逐渐成为一个非常重要的社交与集会的公共场所，甚至吸引了附近的市集来这里进行交易，充满了强烈的生活气息，真正成为百姓日常生活中不可缺少的一部分。

第三节　陵墓

在伊斯兰教早期时，教徒们的陵墓很朴素地埋在地下，不允许有任何装饰，更不要说建造一种建筑形式来作为陵墓使用了。随着教义的发展和建造技术的进步，地上的陵墓建筑开始出现并发展起来，统治者们往往在其在位期间就构思或者建造属于自己的陵墓。死者通常被埋于地下或者地下室内，墓室的地面上则用棺材形状的衣冠冢覆盖。在陵墓发展的过程中，印度当地的工匠们将学会的砌筑拱券以及修建穹顶的技术应用在陵墓建筑的修建之中。

在建造初期，陵墓体型较小，采用最普遍的形式是在方形的墓室平面上覆以圆形的穹顶，各地陵墓的唯一区别在于尺寸不同。随着建筑形式的发展，渐渐地出现了由 12 根柱子支撑的结构形式以及八边形的陵墓空间，虽然实例不多，但很有代表性。1540 年，精美大气的舍尔沙陵建在一方人工湖之中，它即采用八边形的平面形式。除了平面形状的改变之外，墓室的外侧开始用一圈走廊包围起来，这种形式在印度伊斯兰时期的陵墓中非常常见。随着形式的发展，墓室主体功能变得愈加复杂，从初期单一的墓室空间发展成后来的各种房间、通道穿插组成的复杂空间。在此过程中，古吉拉特地区出现了陵墓上方的穹顶被走廊环绕的特殊形式。到了莫卧儿帝国时期，陵墓的形式更加复杂了，通常还会将陵墓主体与周围的园林融合起来，作为一整个陵墓空间来处理。有的皇家陵墓更不惜花费大量的人力、物力，极尽奢华，以供后人祭奠。陵墓建筑在反映帝国强大、君主政绩突出的同时也体现出当时建造技艺的高超，而印度伊斯兰时期的陵墓建筑已然成为当今世界上陵墓建筑宝库的重要来源。

1. 果尔·古姆巴斯陵

果尔·古姆巴斯陵（Gol Gumbaz，图 6–78）位于印度卡纳塔克邦比贾布尔的东北角，是穆罕默德·阿迪尔·沙阿二世（Muhammad Adil Shah II）的陵墓，由 Dabul 的著名建筑师 Yaqut 建于 1659 年。这座陵墓是那个时期建造的最大的单室墓，比罗马的万神庙还要大，虽然看上去构造异常简单，但其结构体系可以称得上德干高原上最伟大的形式。

从外观上看，这座陵墓就是一个简单但巨大的立方体，边长 47.5 米。立方体的四条垂直于地面的边各与一座覆盖着半圆形穹顶的塔楼连接，每个塔楼高七层，每层都有一圈通透的走廊。建筑各元素的比例十分协调，特别是立方体本身与其上覆盖的巨大穹顶。立方体四面的附属檐口由密集的支架支撑起来，檐口上是一排小小的装饰性拱廊，起到增加立面细节的作用，最上面的巨大城齿和尖顶恰到好处地美化了人视角度的建筑天际线。立方体的东、南、西三面各有三个凹进的拱门，正中间拱门的底部中央为供人们进出的正常尺度的门洞。大穹顶的直径为37.9米，是伊斯兰世界最大的穹顶[1]。

陵墓内部中央大厅是一个42.5米见方的空间，中央有方形高台，上有华盖。高台上放着穆罕默德·阿迪尔·沙阿二世及其家属的衣冠冢，真正的遗体埋藏在正下方的墓穴中，可以由西侧的楼梯进入。大厅内最具建筑特色的是巨大的穹顶支撑体系，四面内墙正中有四个尖拱，四角各有一个内角拱，联系起来就是一个由八个尖拱形成的支撑体系。这个支撑体系上架着由八个穹隅交叉形成的一座帆拱，最终再由帆拱撑起圆形穹隆顶（图6-79）。在巨大的穹顶与立方体相交处，用一圈叶状的装饰结构包裹，使得交接处被很好地隐藏起来（图

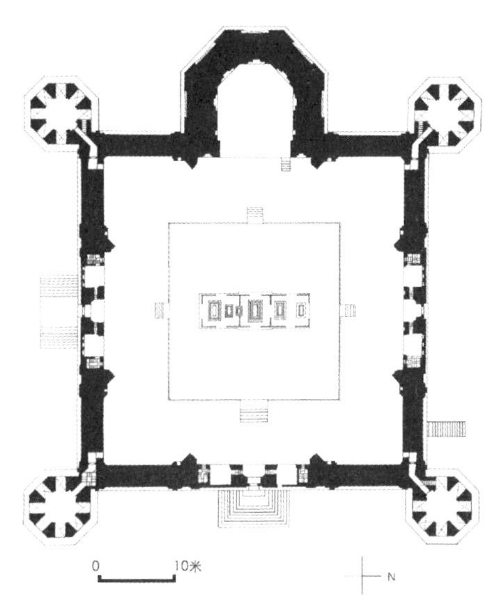

图6-78　果尔·古姆巴斯陵平面图

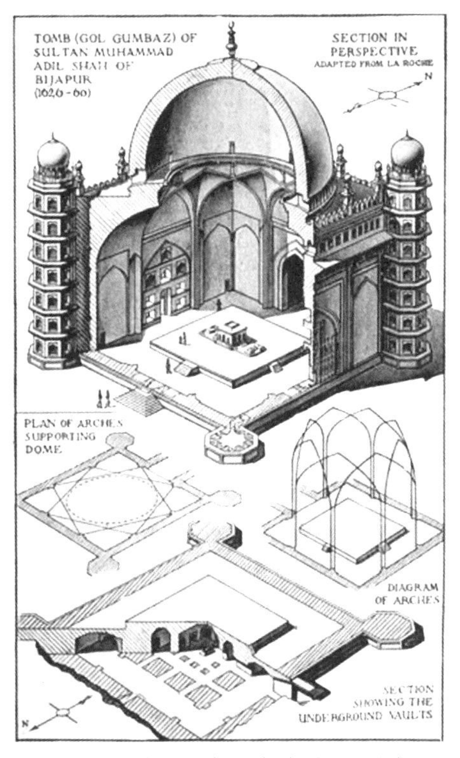

图6-79　果尔·古姆巴斯陵剖透视分析图

1 Andrew Petersen.Dictionary of Islamic Architecture[M]. London：Routledge，1996.

6–80）。穹隆顶的侧推力由四面石墙及四角的塔楼共同承担，在结构上做到稳定的效果，其内部表面抹以普通水泥。穹隆顶的鼓坐上开了六个小窗口，人们可以从塔楼上至屋顶，再通过这些小窗口进入鼓座的内部。鼓座内部形成一条环形廊道，结构声学上的作用使其成为一圈"回音壁"（Whispering Gallery），连细小的声音都可以在回音壁的另一端听到。

图 6–80 果尔·古姆巴斯陵叶状的装饰结构

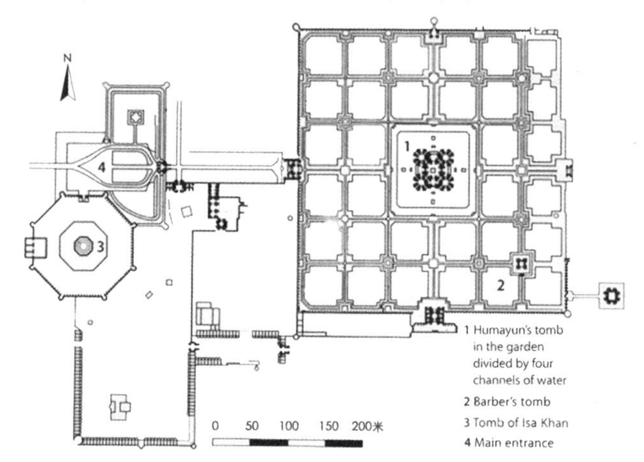

图 6–81 胡马雍陵墓群平面图
1 胡马雍陵（花园被四条水渠分隔）；2 巴布尔陵；3 伊斯兰可汗墓；4 主入口

2. 胡马雍陵

胡马雍陵位于德里的东南部，由胡马雍第一任妻子贝加·贝古穆（Bega Begum）委托建筑师米拉克·米尔扎·吉亚斯（Mirak Mirza Ghiyas）于 1565 年开始建造，最终于 1572 年建成，阿克巴当时 23 岁，和母亲共同完成了陵墓的主持建造工作。由于建筑师来自波斯，因此陵墓的设计在一定程度上受到了帖木儿风格的影响。胡马雍陵是莫卧儿帝国建造的第一座具有代表性的建筑，也是目前为止德里保存最好的莫卧儿帝国的遗迹之一，1993 年列入《世界文化遗产名录》。

整座陵墓群包括胡马雍自己的陵墓、其父亲巴布尔的陵墓以及伊斯兰可汗墓，主入口在西侧（图 6–81）。陵墓的主体胡马雍陵建造于一座宽敞的带围墙的方形花园之内，围墙的每边中央都建有一座庄重的入口建筑，西侧为主入口，略带弧形（图 6-82）。整座花园被横竖两条中轴线分为四片大的查哈·巴格（Chahar Bagh）[1]，每片大的查哈·巴格又被水渠划分成九个相同大小的小花园，共 36 个。每个小花园的四角都与其他小花园的共同形成一个节点，合计 48 个（图 6-83）。在强烈的几何图形的模式下，整座花园成为有序、和谐的整体。胡马雍陵建造在

图 6-82　胡马雍陵外部西入口立面

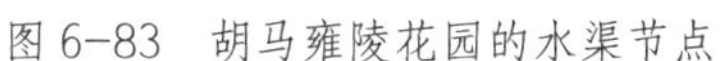

图 6-83　胡马雍陵花园的水渠节点

1 查哈·巴格是一种波斯式花园的布置形式，一个四边形的花园被人行道或者水渠分成四个小部分，象征着天国中的四条河流将花园四等分。

中央四个小花园拼成的查哈·巴格之上，平台高7.3米，95米见方，由红色砂岩建成。平台四边的中央都有通向平台的出入口，出入口左右两侧各有8个伊旺，每个伊旺包含一扇木门和一扇石质漏窗，有的伊旺前还放着石棺。平台中央坐落着陵墓主体，平面整体呈一个边长52米的正方形样式，由四角的四个八边形与中心45度旋转的正方形结合而成(图6-84)。主入口在南侧，需通过一扇巨大的屏门进入到墓室。墓室内部错综复杂，由按照几何图形设计的走廊联系。墓室的中央放置胡马雍的衣冠冢，其余各个角落的副室安放家族成员的大理石石棺。墓室的顶部是一座大型的贴有白色大理石面砖的鳞茎状穹顶，建筑总高度42.7米，穹顶采用双重的复合式结构(图6-85)，继承了波斯的伊斯兰建筑传统。

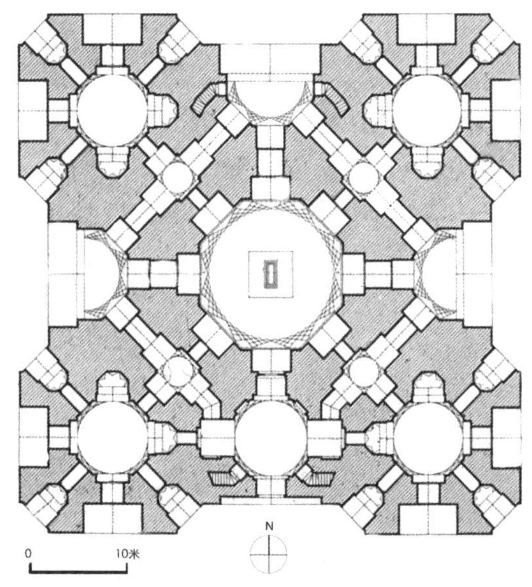

图6-84 胡马雍陵主体平面图

陵墓主体四个立面的形象大致相同，都由中央的一个大型伊旺配上两侧两个小型伊旺构成(图6-86)，但只有南面的浅伊旺才是真正可以进出的出入口，其

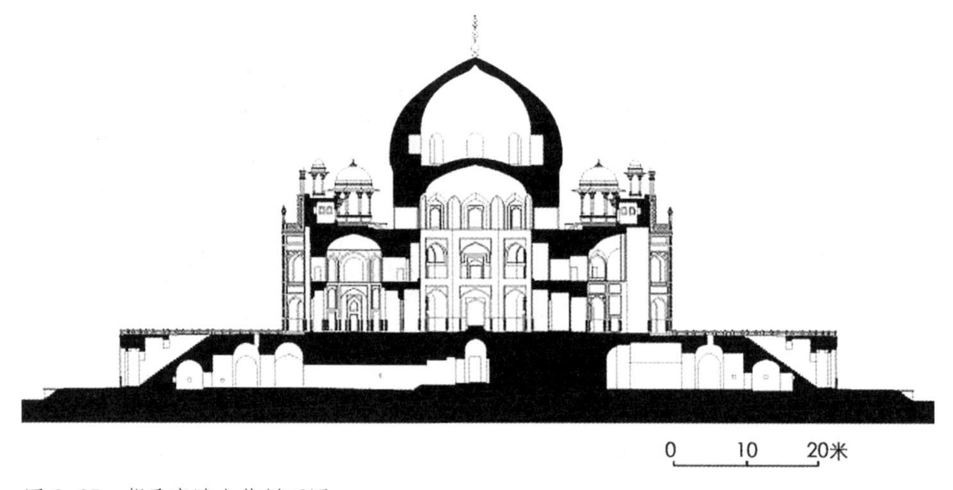

图6-85 胡马雍陵主体剖面图

图 6-86　胡马雍陵主体立面

余三面只是装饰性的屏墙而已。顶部的巨形穹顶以及周边散落的印度传统风格的小型卡垂构成立面的天际线，侧边顶部 16 座小型的光塔则起到点缀作用。整座建筑都采用红色砂岩搭配白色大理石材质，在周边绿意葱葱的大型陵墓花园的映衬下，显得既庄重肃静又美丽动人。

胡马雍陵与泰姬・玛哈尔陵有些相似，不论是陵墓花园、尖拱门，还是双层的复合式穹顶结构的设计，胡马雍陵都为后来建造的泰姬・玛哈尔陵提供了原型。胡马雍陵以红色砂岩为主建造，圆顶比较低沉，色彩和结构相较于以白色大理石为主建造的泰姬・玛哈尔陵显得更加浑厚、凝重。可以这样说，胡马雍陵是泰姬・玛哈尔陵的粗胚，泰姬・玛哈尔陵则是胡马雍的纯化[1]。

3. 阿克巴陵

阿克巴陵作为莫卧儿皇帝阿克巴最后的安息之地，位于阿格拉西北方约 10 公里的西根德拉，由贾汉吉尔于 1605 年开始修建，是贾汉吉尔统治时期首个较为重要的营造项目。建筑最初由工匠按照自己的意图建造成单层样式，阿克巴在晚年视察工程进展时要求将其拆除重建，最终于 1613 年完工。

1　王镛．印度美术史话 [M]. 北京：人民美术出版社，1999.

阿克巴陵的设计完全按照莫卧儿皇家陵墓的传统，将陵墓主体安放在一座大型花园的中央，主体之外的花园只是简单地划分成四片，并没有像之前胡马雍陵做得那么精致。花园的四面都有一个出入口，其中南大门为主要出入口。南大门是一座以红色砂岩与白色大理石镶嵌建造的门楼，整体看来好像纪念碑般竖立在陵墓的正前方。大门中央开有一个大型伊旺式的拱门，上部覆平顶和四个装饰卡垂，两侧各有上下两个稍小的伊旺式门廊，顶部依旧覆平顶并开创性地增加了四座白色的光塔，这是印度陵墓建筑首次采用的样式（图 6–87）。门上精心的装饰图案展现了贾汉吉尔时期对于建筑风格的一种追求，在红色砂岩的墙壁上，以细碎的黑、灰三色大理石镶嵌成复杂绚丽的纹案，精彩至极（图 6–88）。

图 6–87　阿克巴陵南大门立面

图 6–88　阿克巴陵墙体彩色镶嵌装饰

陵墓的主体高 30 米，采用由底层到顶层渐渐收合的五层楼的形式，构图方式如同金字塔（图 6–89）。下面四层由红色砂岩材质建成，最上一层采用白色大理石材质。建筑一层建在边长为 97 米的平台之上，四边开有一系列的拱门，正中央各有一座巨大的伊旺式屏门，风格与南大门较为接近。一层内部是一圈相连的游廊，顶部还附有一排三开间的凉亭和两根细长的光塔形构件。建筑二到四层为开敞式的列柱游廊，顶部覆以平顶及成排的装饰性卡垂，颇有法塔赫布尔·西

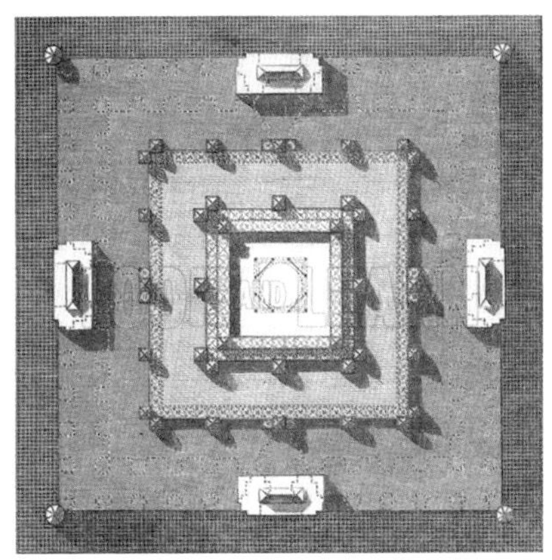

图 6-89　阿克巴陵主体平面图

图 6-90　阿克巴陵主体立面

克里城堡内潘奇宫殿的意味（图 6-90）。最顶部为一层露台，四周由白色大理石的带有迦利的石板围合起来，露台的中央放置着阿克巴的衣冠冢，石棺上刻着阿克巴大帝的名字，真正的棺木同样深深地埋藏在建筑的地下（图 6-91）。据推测，最初陵墓最顶层设计有穹顶包围的室内空间来保护制作精湛的衣冠冢，但如今只余一个露台。阿克巴陵的设计很容易让人联想到《古兰经》里描绘的美好场景："美丽的住宅坐落在代表永恒的幸福花园之中，高耸的房屋一层一层地建造起来，房屋下流淌着欢乐的河流。"[1]

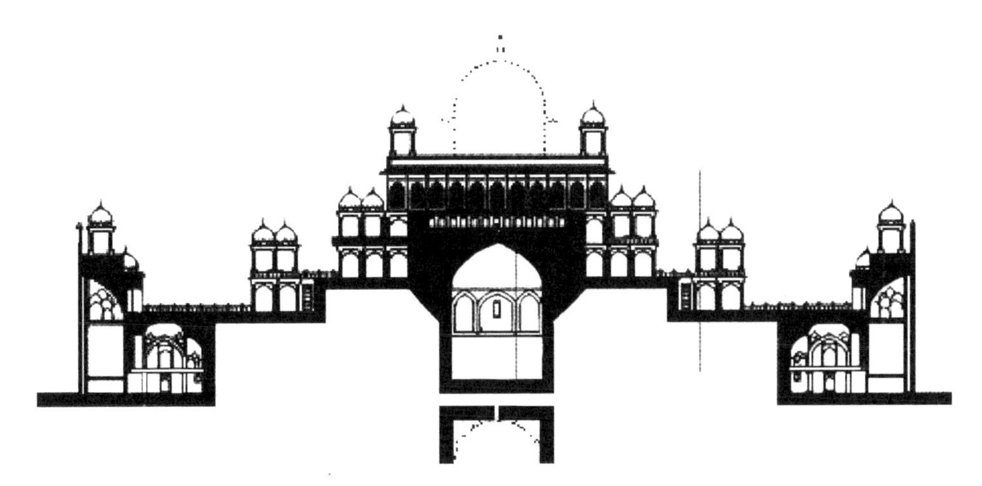

图 6-91　阿克巴陵主体剖面图

1 [英]马库斯·海特斯坦，彼得·德利乌斯．伊斯兰：艺术与建筑[M].中铁二院工程集团有限责任公司，译．北京：中国铁道出版社，2012.

阿克巴陵可以称得上是莫卧儿帝国建筑史上一次巨大的尝试，整座陵墓建筑没有一座穹顶，这对于一座伊斯兰时期诞生的建筑而言是难以置信的存在。不论是陵园主入口四座白色大理石的光塔所体现出来的空灵，还是建筑表面小型石料镶嵌工艺体现出来的精美，都在某种程度上为后来泰姬·玛哈尔陵的建造提供了先导。如果说胡马雍陵是阿克巴时代建筑的雄伟前奏，那么阿克巴陵就是阿克巴时代建筑的华丽尾声[1]。

4. 伊蒂默德·乌德·道拉陵

伊蒂默德·乌德·道拉陵紧邻亚穆纳河的东岸，位于阿格拉城堡的对面，距离泰姬·玛哈尔陵的直线距离有 2.4 公里。这座陵墓是贾汉吉尔的妻子努尔·贾汉于 1622—1628 年为其父母亲修建的，她的父亲，也就是贾汉吉尔的岳父曾经是御前大臣，被封为“伊蒂默德·乌德·道拉”。

伊蒂默德·乌德·道拉陵是印度土地上第一座用白色大理石完全取代红色砂岩的陵墓建筑，由于其白色的材质像象牙一般，因此被人们亲切地称为“珠宝盒”，也被认为是泰姬·玛哈尔陵的前身。陵墓的主体坐落于一个方形的四分花园之上（图 6–92），花园由水渠和人行道划分成规则的几何图案，东南西北各有一个出

图 6–92　伊蒂默德·乌德·道拉陵卫星图

1 王镛. 印度美术史话 [M]. 北京：人民美术出版社，1999.

图 6-93　伊蒂默德·乌德·道拉陵东大门立面

入口，其中东面的为主要的大门，同阿克巴陵的南大门较为接近，只是少了顶部四座白色大理石的光塔（图 6-93）。东门外由一条笔直的道路连接陵园外围与城市干道，两侧也各有一个花园。

四分花园的中央是一个红色砂岩的基座，基座高约 1 米，45 米见方，白色大理石建造的陵墓主体就坐落在基座上。陵墓平面呈方形，边长为 21 米，四边中间都有拱门可以进入建筑内部，四角各有一座八

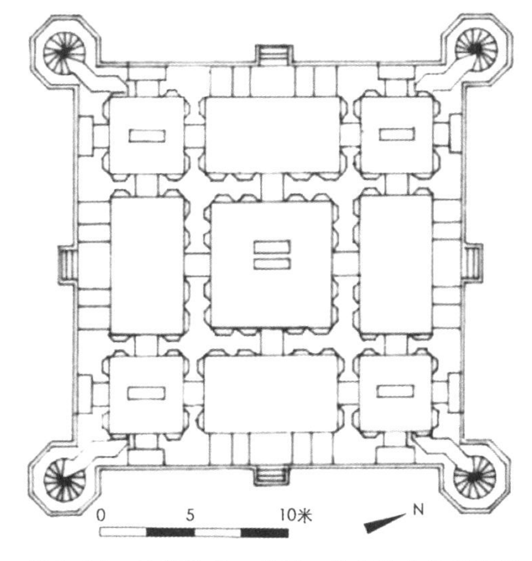

图 6-94　伊蒂默德·乌德·道拉陵主体平面图

边形平面的白色大理石塔楼，每座塔楼高约 13 米，顶部覆以圆形卡垂。中央的建筑分为中轴对称的上下两层结构，下层平面被划分成 9 个部分，中央的大厅被周围 8 个房间环绕着（图 6-94）。上层的中央是一个由下层中央大厅的部分升上去的亭台，顶部覆有一个类似珠宝盒盖的四方的车篷形拱顶。周边用带有迦利的栏杆围合，与四角的塔楼衔接。底层的中央大厅放置着皇后努尔·贾汉父亲和母亲的两尊大理石石棺，大厅的四周用精致的大理石迦利屏风半遮了起来，让部分

图 6-95　伊蒂默德・乌德・道拉陵主体立面

光线可以透过屏风投射进来，营造出安静肃穆的氛围（图 6-95）。大厅的地板上镶嵌了阿拉伯的装饰图案，远远看上去就像铺了一层精致的地毯。

整座建筑都由白色的大理石建成，好似清真寺又好似楼阁。陵墓立面由檐口的托梁一分为二，下部较为敦实，上部较为轻盈，同时又通过下部花格窗以及上层楼阁的花格屏墙将立面很好地统一起来。立面上屋檐下的托梁、上层楼阁的车篷形拱顶以及四角光塔上透空的卡垂造型等元素都源自传统的印度教建筑，这些元素配合源自伊斯兰的彩石镶嵌工艺装饰的精美墙面（图 6-96）以及拱门、伊旺等细节，使得原本高低错落有致的立面更加精致与端庄。

图 6-96　伊蒂默德・乌德・道拉陵主体墙面装饰细部

伊蒂默德・乌德・道拉陵不仅开创了完全采用白色大理石建造陵墓主体建筑

的辉煌篇章，同时也第一次将卡垂的造型置于八角形塔楼，形成端庄美丽的光塔形式，这些都是技术上的重大革新。同时，建筑风格也由前代统治者追求的雄浑奇拔向精致典雅迈进了一大步，为其后沙·贾汗时期的建筑形式提供了很好的参考样本。

5. 泰姬·玛哈尔陵

泰姬·玛哈尔陵位于阿格拉城的东面，亚穆纳河的南岸，距离西方的阿格拉城堡 15 公里。1612 年，莫卧儿皇帝沙·贾汗迎娶了美丽的波斯王后泰姬·玛哈尔[1]，两人感情甚笃、相濡以沫。1631 年，泰姬·玛哈尔在生第 14 个孩子时不幸发生意外离开了人世，年仅 39 岁。临终之时，她请求沙·贾汗为她修建一座世界上最为壮美的陵墓，用来纪念他们不朽的爱情。沙·贾汗深爱着他的妻子，为了实现妻子的临终遗愿，他耗费了 500 万卢比，雇用 2 万名工匠，历时 22 年，终于在亚穆纳河岸边完成了完全由白色的大理石建成的伟大建筑（图 6–97）。他还打算在河的对岸修建一座体量相当但由黑色大理石建造的陵墓，作为自己的安息之所（图 6–98），然而由于时局的变迁，他的愿望未能实现，也在世界建筑史上留下了一大遗憾。1983 年，泰姬·玛哈尔陵正式被联合国教科文组织列入《世界

图 6–97 泰姬·玛哈尔陵主体

1 意思是“宫廷的皇冠”。

图 6-98　黑白泰姬·玛哈尔陵假想图

文化遗产名录》，它也被广泛地认为是印度土地上穆斯林艺术的瑰宝。

这座伟大的陵墓的建筑设计师是来自于拉合尔的波斯人艾哈迈德·拉霍里（Ahmad Lahori）。他不仅是一位天才的建筑师，还特别擅长数学、天文学、几何学，是沙·贾汗宫廷内的首席建筑师。他联合当时著名的书法家、金饰匠、珠宝匠等人才一起，将泰姬·玛哈尔陵建造成为伟大的犹如天国花园一般的存在。泰姬·玛哈尔陵建筑群整体呈坐北朝南的矩形平面，由门前集市、前厅、四分花园、陵墓主体以及河对岸的月光花园五部分构成。人们往往将泰姬·玛哈尔陵描述成位于整座陵墓的边缘，但如果将月光花园考虑进来，则这座陵墓即介于“二园”之间，亚穆纳河从中传流而过，所以亚穆纳河也是陵园规划的一部分。这是一个颇具雄心的大型规划，难以想象，这里更像是《古兰经》远景具体化的河畔天堂乐园 。

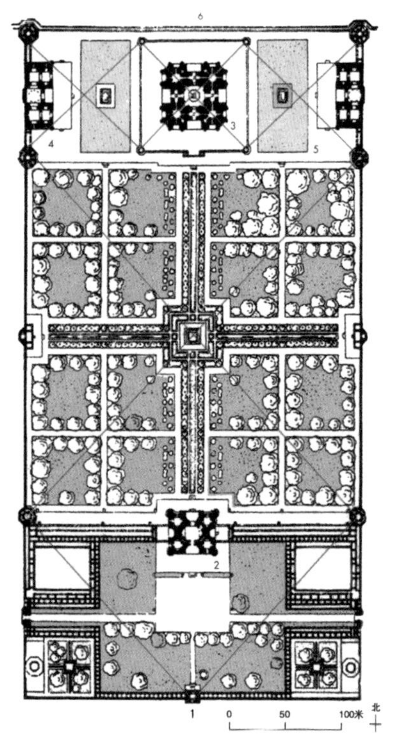

图 6-99　泰姬·玛哈尔陵平面图

陵墓由三部分构成一个长 580 米、宽 300 米的矩形平面（图 6–99）。前厅位于整座建筑群的最南端，是从喧闹的城市街道进入陵园主体的过渡空间，有南、东、西三面朝向城市的大门以及位于北面的陵园主入口，前厅内安置了沙·贾汗其他妻子的陵墓。由边门进入前厅后，便会被北面红色砂岩建造的陵园主入口吸引。在不大的前厅空间中突然有一座巨大而精致的门楼竖立在眼前，给人的震撼可想而知。陵园主入口中央巨大的伊旺及顶部一排小型的装饰卡垂让人联想到莫卧儿帝国早期的建筑样式，红色砂岩的材质上用大理石雕刻出了精美的书法作品和生动的花卉图案，伊旺内部的天花板和墙壁上也绘制了精心的几何图案（图 6–100）。穿过陵园主入口后就可以看到壮观的泰姬·玛哈尔陵主体建筑通体白色地矗立于高台之上，视线很难再向别处集中。陵墓主体和大门之间是一个巨大的波斯式四分花园，300 米见方，由景观水池和人行道合并的横竖两条轴线将花园一分为四，每个花园又被人行道路划分成更小的四个小花园。花园的正中央是一个大理石材质的平台，水渠中的水便从中流淌出来，源源地流向象征着伊甸园中的四条河流。花园的西侧是带沐浴水池的客房，东侧是带有水池的清真寺。泰姬·玛哈尔陵四分花园的出现将莫卧儿帝国的陵墓花园造诣推向了极致。

图 6–100 泰姬·玛哈尔陵前厅北大门

泰姬·玛哈尔陵主体并不像前代陵墓布局那样放置在四分花园的正中央，而是创造性地放置于中央轴线末端一座95米见方、7米高的白色大理石平台之上，俯视着亚穆纳河。平台的四角各矗立一座42米高的圆形光塔，与平台中央57米高的陵墓主体形成完美的立面构图。陵堂的平面是边长58米的抹角方形（图6–101），中央的八角形空间用来放置泰姬·玛哈尔的衣冠冢，周围被八个精心设计的房间所包围。这是一种典型的“八乐园”（Hasht Bihisht）平面布局模式（图6–102），源自波斯。八个房间代表着伊斯兰世界八个级别的天堂，分散在主体建筑周围，将中心的房间紧紧包围烘托出来。这种布局模式与印度教曼陀罗模式有着异曲同工之处，类似的布局在胡马雍陵主体墓室中也有出现。胡马雍陵的平面形式生成的外观有融合八角体的明显痕迹，但在泰姬·玛哈尔陵上，八角体则被置于同一条线上，产生更为一致的立面[1]。衣冠冢的正下

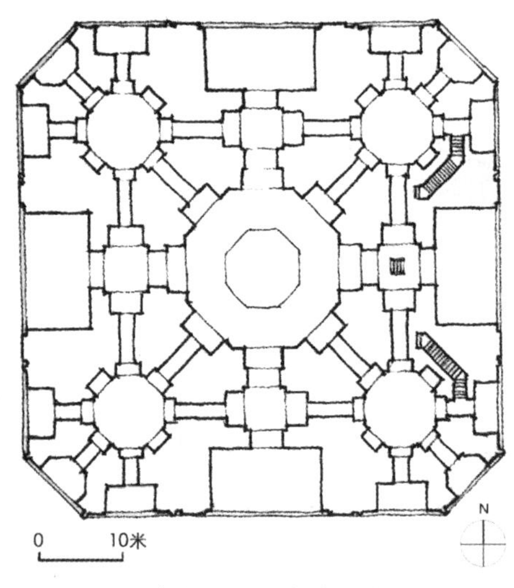

图6–101　泰姬·玛哈尔陵主体平面图

图6–102　八乐园平面布局模式分析图

1 [英] 贾尔斯·提洛森．泰姬·玛哈尔陵 [M]. 邱春煌，译．北京：清华大学出版社，2012.

方为真正的墓室所在（图6-103），可由隔壁房间的通道进入。墓室由一座巨大的双重鳞茎状穹顶覆盖，穹顶上覆一圈莲花状的华盖，华盖上装饰有一个伊斯兰特征的铜质尖顶（图6-104），所有的构件都做得精巧细致。

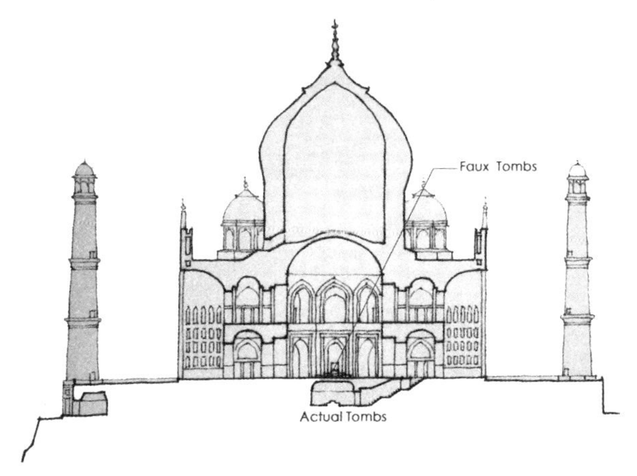

图6-103　泰姬・玛哈尔陵主体剖面图

图6-104　泰姬・玛哈尔陵主体穹顶细部

陵墓主体的平台四角各安置一幢白色大理石建造的光塔，光塔本是清真寺建筑的必备元素，但在此处同阿克巴陵墓主入口上的四幢光塔一样，只做装饰用途。四幢光塔在建造上采用了视觉矫正的手法，向外侧略微倾斜，以减少因体量过大而引起的视觉误差，使其看上去是笔直的。平台的西侧是一座小型清真寺，东侧也对称地建造了一座同体量的建筑，用做朝圣者的客房。这两座附属建筑都由红色砂岩建造，用以搭配陵墓，但又不会喧宾夺主。

泰姬・玛哈尔陵的总体布局运用了简单的比例构图方法，达到精准的几何构造之美。前厅部分的庭院由两个横向的正方形构成，陵园中央的四分花园为四个正方形，总尺寸正好是前厅花园的两倍。末端陵园主体平台的平面也是正方形，其边长正好等于整个陵园宽度的三分之一。从陵墓立面来看，陵墓主体由两座光塔和底部平台构成的图形接近两个正方形，中央伊旺所在的矩形屏墙的高度差不多是主体宽度的一半，屏门两侧的高度也正好是不带抹角的陵墓主体的一半（图 6–105）。在简单但又奇特的比例关系中，泰姬·玛哈尔陵建筑群达到了高度明确的有机性[1]。

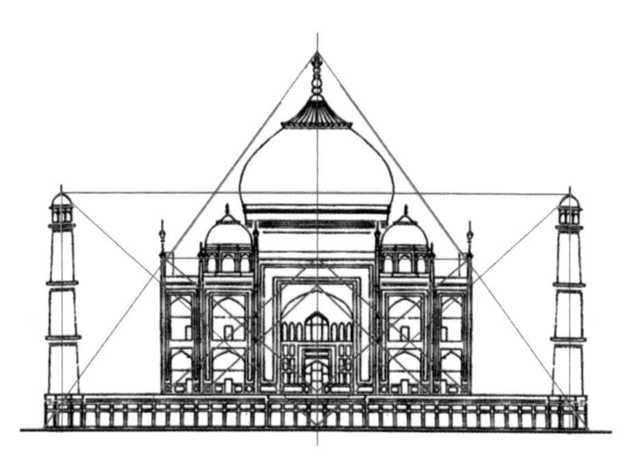

图 6–105 泰姬·玛哈尔陵主立面分析图

泰姬·玛哈尔陵的设计在总体上强调几何学构成的均衡、数学计算的精密、光学效应的变化以及宇宙学图解的清晰；在审美情趣上，追求华贵的简洁、静穆的辉煌、水晶般的纯净以及女性式的柔美。特别是陵墓的主体白色大理石建筑的形象，倒映在四分花园清澈的水池之中，宛如一朵洁白的荷花，亭亭玉立，光影交辉，仿佛梦幻的仙境一般，赢得了“白色的奇迹”“白色大理石交响乐”“大理石之梦”等无数赞誉[2]。

第四节 阶梯井

阶梯井[3]也称做“阶梯池塘”，建于 5—19 世纪，是一种为人们提供饮用水，满足人们洗涤、沐浴需求的日常建筑。这种建筑形式常见于印度西部，特别是古吉拉特邦等半干旱地区，历史上共建造约 120 座阶梯井。阶梯井的最大垂直深度不仅要确保可以挖到地下水，还要考虑到当地随季节变化的降雨量不至于将整个阶梯井淹没。阶梯井由印度教教徒最先发明建造，后来在伊斯兰统治时期融合了许多伊斯兰的装饰元素在其中。阶梯井内部所有精美的装饰艺术都反映了浓郁的当地生活氛围和宗教文化，是一种非常特别的建筑形式。

1. 达达·哈里尔阶梯井

达达·哈里尔阶梯井（图 6–106）位于艾哈迈达巴德的东北，和西侧的清真寺、

1 萧默．天竺建筑行纪 [M]. 北京：生活·读书·新知三联书店，2007.

2 王镛．印度美术史话 [M]. 北京：人民美术出版社，1999.

3 阶梯井在古吉拉特当地叫做“Vav”，在印度其他地方也被称做“Baoli”

达达·哈里尔陵共同构成一个建筑组群。达达·哈里尔阶梯井由伊斯兰政权的王妃达达·哈里尔下令建造，目的在于为游客和朝圣的人们提供阴凉和饮用水。

图 6-106　达达·哈里尔阶梯井

这座阶梯井于 1499 年建成，井深 20 米，共有两口井。圆形井作为水井用，八边形井底部为方形层叠而落的水池，似漏斗状，平时供人们洗涤、沐浴用，两个井口都毫无遮盖地向天空敞开。除了东西两端的亭子和井口边缘露在外面，建筑的其他结构都建在地面以下（图 6-107）。

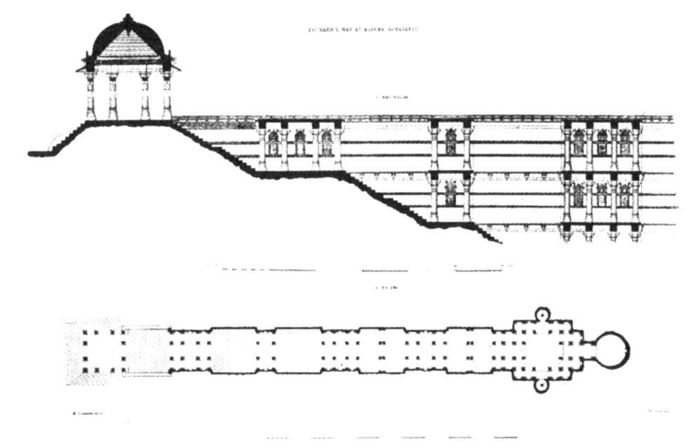

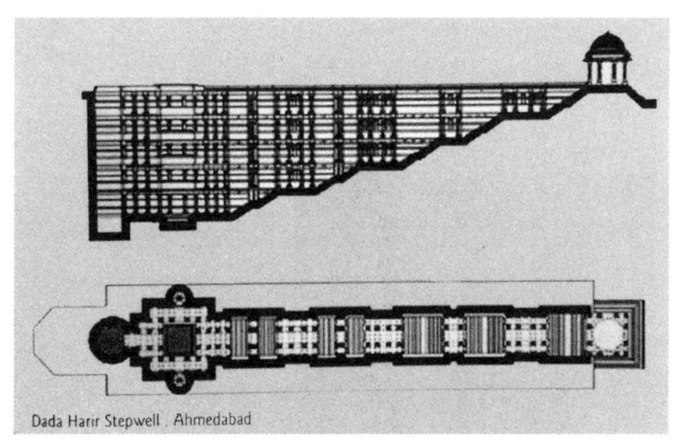

图 6-107　达达·哈里尔阶梯井平面、剖面图

达达·哈里尔阶梯井平面为 42 米 ×6 米的矩形，从入口处开始往下走三段大台阶可以到达底部。台阶与台阶间的休息平台由柱廊构成，第一层休息平台为一层柱廊，第二层为两层柱廊，第三层休息平台为三层柱廊，以此类推至第五层，有着强烈的序列感。每层柱廊两壁都有雕刻精美的壁龛，柱廊围合成的小空间像是一个小露台，安静、

凉爽，给人们提供了适宜的纳凉休憩之处。八边形垂直水井的两侧各建有一个狭小的旋转楼梯，可直达地面，也可与水井内不同的平台联系（图 6-108）。同一水平面的两个柱廊由墙壁两侧延伸出来的踏板联系起来，不过踏板很窄，人走在上面略感惊险。整座阶梯井由五层柱廊组成的重柱式系统支撑起来，展现了强烈的建筑力量之美，每一根柱子、每一个柱头、每一片墙面和栏杆都或多或少地进行精雕细刻，华美至极。装饰内容包括伊斯兰建筑装饰的花草主题、印度教的符号和耆那教的神像雕刻，前者与后两者达到很好的融合（图 6-109），这一切要归功于开明的穆斯林国王白·哈里尔。

达达·哈里尔阶梯井通体由砂岩材质建成，五层深度，每层都为人们提供了足够宽敞的聚会空间。建筑沿东西向的中轴线建造，入口在东侧，是典型的横梁与过梁穿插而成的印度结构形式。当炎热的夏季来临时，井内的温度要比外界低 5 度左右，因此在炎热的夏季人们更喜爱停留在井内做礼拜或者闲聊一番。阶梯井前后花费了 10 万多卢比，有着复杂的地下结构和精妙繁冗的雕刻装饰，无怪乎人们称之为地下宫殿。

图 6-108　阶梯井内的旋转楼梯

图 6-109　阶梯井内的壁龛雕刻

2. 阿达拉杰阶梯井

图 6-110　阿达拉杰阶梯井

阿达拉杰阶梯井（Adalaj Stepwell）位于艾哈迈达巴德北部19公里外的一座名叫阿达拉杰的村庄边缘，沿南北中轴线建造，由穆斯林国王马哈茂德·布尬达为未婚妻拉尼·露培吧建造，于1499年完成。和达达·哈里尔阶梯井相同，建造水井的主要目的是为了给游客和朝圣者以及当地居民提供方便。这座阶梯井是印度西北部规模最大的一座（图6-110），建造耗尽了村庄当时的人力、财力，换来了人们在炎炎夏日的阴凉。

阶梯井总长度达到了80米，主体井深度达30米，位于北侧。阶梯井的入口在南侧，有三个（图6-111）。由东、西、南三面的阶梯向下是一个位于地平面以下3米的八边形舞厅，上无顶，光线充足（图6-112）。沿中轴线一直向下便可到达位于地下五层的井底。先到达一座方形漏斗状水池，中心圆形，其上是四层八边形的柱廊，给人们留出足够的聚会空间。再通过洋葱头状的拱券门便可以到达圆形水井。这座阶梯井的地下构造十分复杂，内部装饰与雕刻异常精美，内壁的雕刻还加入了当地生活中的一些场景，如日常女性在搅拌牛奶、自我打扮的形象，以及女性在欢乐地起舞或者演奏乐器的场景，国王则在高处俯瞰着这些活动。雕刻使阶梯井更加贴近生活。

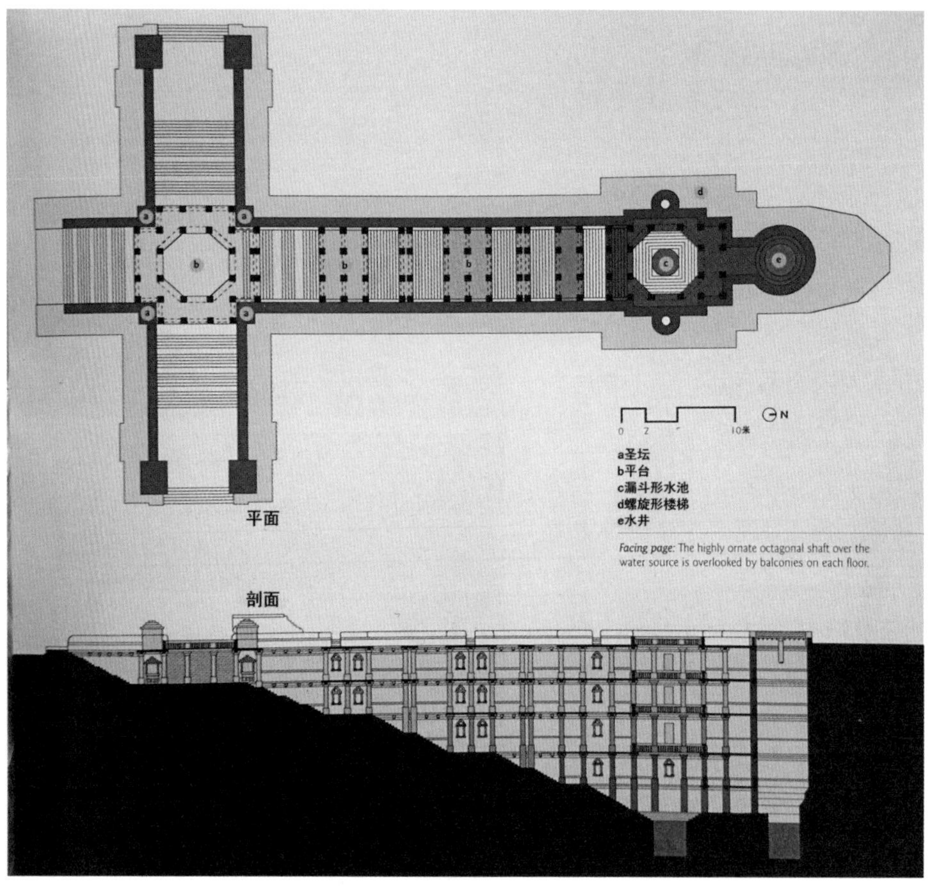

图 6-111　阿达拉杰阶梯井平面、剖面图

图 6-112　阿达拉杰阶梯井入口处八边形舞厅

第五节　园林艺术

印度伊斯兰统治时期特别是莫卧儿帝国统治时期是印度园林艺术发展的高潮。在伊斯兰文明进入印度之前，印度的土地上已经产生了造园艺术，体现为印度教风格。印度教与水有着密不可分的联系，古时印度教宫殿与庭院都是一同建造的，庭院之中总有水这一主要构成要素。水常常被贮放在水池中，水池给庭院空间带来清凉舒适的环境，同时也作为沐浴、净身等宗教活动的浴池。当伊斯兰文明进入印度之后，成熟的波斯式花园也传入印度（图 6–113），被当朝统治者接纳并发扬光大。波斯式花园诞生于炎热缺水地区，在贫瘠的环境中，人们渴望创造出较为封闭的、有植物和流水存在的花园，更在宗教因素的影响作用下，产生了新的园林样式：矩形平面，较为规整，花园被十字形的泉水分为四片，院内种植果树或其他植物，端部建有宫殿，遇到山地地形时，建造成台阶形的跌落样式。总体来看，波斯的造园与印度教风格的园林有一些共通之处，都是在特定气候、宗教、生活习惯影响下的产物。

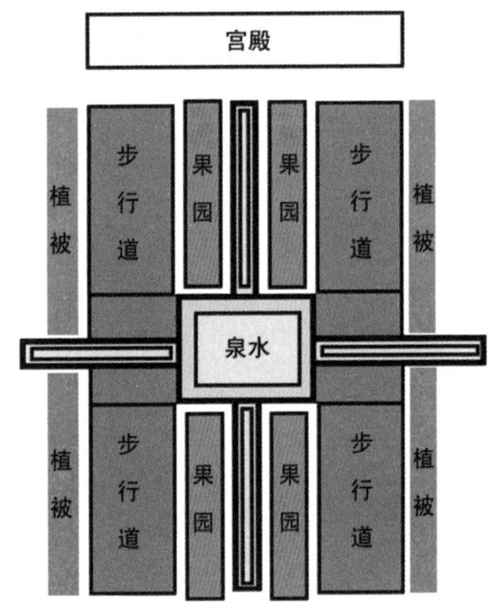

图 6-113　波斯花园布局形式

印度伊斯兰时期的园林艺术有三个主要特征：（1）园林周围有墙体围绕；（2）采用几何形的布局形式；（3）园林内有十字形水渠。此外，凉亭也是印度伊斯兰园林中不可或缺的要素，兼备装饰意义和实用功能，除了可以妆点景色，还供人们纳凉，远离酷暑的侵袭。印度伊斯兰时期的园林经过波斯式花园与印度当地的园林艺术相互融合之后形成两种类型：一种是陵墓性花园，墓室主体常位于园林的中央，如胡马雍陵；另一种是游乐性花园，在这种花园中水体占很重要的比重，多采取跌水和喷泉等动态形式，如夏利马尔花园。

1. 天堂花园

天堂花园就是伊斯兰教的天堂，是唯一的真神安拉为虔诚的教徒们建造的。

图 6-114　四分花园

《古兰经》对天堂花园进行了细致的描述：那里“同天地一样广阔”，“沟渠里泉水潺潺”，花园里生长着“没有荆棘而郁郁葱葱的树林”，树上“簇簇拥拥的水果压低了枝头”，还有“身着华服的有福之人躺在铺有厚实的织锦卧塌之上”。花园里分布着多条泉流，流淌着清水、牛奶、蜂蜜和葡萄酒。泉水清香扑鼻，夹杂着樟脑或生姜的味道，而混有葡萄酒的泉水，会由“青春永驻的男孩”和“大眼睛的纯洁女孩”亲手送给虔诚的信徒们（图 6–114）[1]。

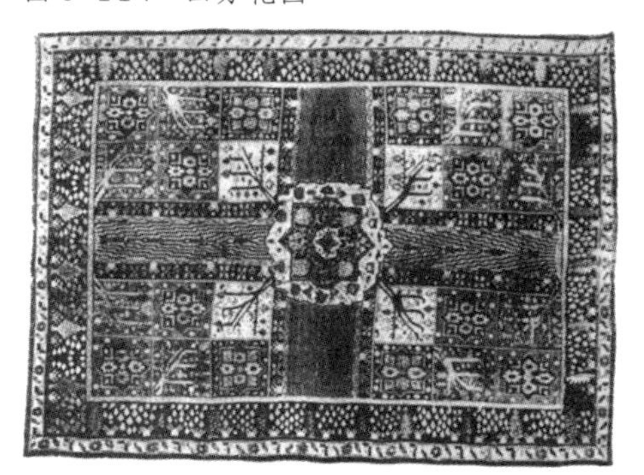
图 6-115　波斯地毯

《古兰经》中的这些描述对于穆斯林的园林艺术有着强烈的指导意义，特别是书中提到的四条河流完全反映在波斯园林的规划中，水、牛奶、蜂蜜和葡萄酒的四条河流对于伊斯兰各国的造园艺术产生重要影响，从西班牙到印度，所有典型的伊斯兰园林都被十字形的水渠划分成四个部分。水渠交汇的中央处由地下的水源供水，源源不断涌出泉水，向水渠的四个方向流淌开去，每个方向都各自代表了一条河流。从经文之中还能推断出成荫的树林、流淌的河水以及外墙、装饰华美的建筑物等元素的存在，这些都为伊斯兰园林的形成增色不少。

伊斯兰文化受到波斯文化的强烈影响，一般认为伊斯兰的造园艺术基本上传自于波斯，从英国维多利亚博物馆馆藏的一块波斯大花园的地毯图案中可以得到佐证（图 6–115）。地毯呈长方形，边缘由有规律的阔叶树、灌木、针叶树相间织成。

1　[英]马库斯·海特斯坦，彼得·德利乌斯．伊斯兰：艺术与建筑[M].中铁二院工程集团有限责任公司，译．北京：中国铁道出版社，2012.

花园被四条河流划分为四个部分，每个部分大小都相等，又被细分为六个小块，每个小块都由交错变换的方形和圆形相结合的花床和悬铃木花卉图案构成。地毯的中央同样采用方形和圆形结合设计，依次由花、叶、茎的变化构成精美的图案，宛如一座小型的花坛[1]。

总的说来，在《古兰经》中，花园与天堂之间的关系是非常明确的，并且规定得很详细。花园中一般有水并且种满植物，象征了在严酷世界里的安逸生活。印度伊斯兰时期的园林布局谨遵《古兰经》中的形式：在一个被围起来的四边形土地上，两条垂直的河流从中间将其划分为四块，有时每一块又被再次分为更小的四块或九块，地块上种植着草坪或是植物。这种形式在整个印度传播开来。

2. 陵墓性花园

印度伊斯兰时期的陵墓性花园由莫卧儿帝国统治者开创，巴布尔是在园林中兴建陵墓的第一位皇帝。虽然巴布尔的陵墓最后被迁至喀布尔，但他最先的陵墓拉姆园已经向这个方向考虑了。从巴布尔的儿子胡马雍开始，印度莫卧儿历代皇帝都非常重视未离世父亲陵墓的建造，陵墓性花园因此而更加成熟。

莫卧儿帝国皇帝的陵园大多建造在印度河平原以及恒河平原上地势平坦的地带，陵园样式按照《古兰经》的描述，建造成四分花园，原本天堂花园中放置中央水池及喷泉的地方，大多换成陵墓的主体建筑。当皇帝去世之后，这里就成为通往天堂的入口，将人间和天国连接起来，陵墓的主人可以从此处顺利地通往天堂花园。四分花园由于尺寸过于庞大而又细分成更小的四块或九块，彼此之间用水渠和人行道联系。从空中鸟瞰整座陵园，每一个陵园的四分之一又成为一个微缩的陵园整体，形成了一种递归式的空间分隔方式[2]。

由于陵墓性花园的规模较单纯的伊斯兰园林要大很多，花园的水渠数量和总的供水量也急剧增加。为了解决这一问题，设计师们在总体规划不变的基础上将所有的水渠都做得更窄更浅，从而减少总用水量。同时还在水渠的两侧做了较宽并微微抬高的堤道，以便从视觉上明显地标识出了水渠的网格构成，从而保持了原先的建造效果。

1 杨滨章．外国园林史[M]．哈尔滨：东北林业大学出版社，2003.

2 [美]查尔斯·莫尔，威廉·米歇尔，威廉·图布尔．看风景[M]．李斯，译．哈尔滨：北方文艺出版社，2012.

印度莫卧儿帝国最典型的陵墓性花园位于德里胡马雍陵以及阿格拉泰姬・玛哈尔陵中。

（1）胡马雍陵

德里胡马雍内部的陵墓性花园位于整座陵墓的中央地带，呈正方形（图6-116），500米见方。陵墓的主体建筑置于陵园的中央高台之上，前后左右的四条水渠轴线将陵园分成等大小的四个查哈・巴格，每个查哈・巴格又被更细小的水渠划分成了九个大小相等的小花园，花园里铺设了草坪，种上了树木，使得整座陵园看上去既井然有序又生机盎然（图6-117）。

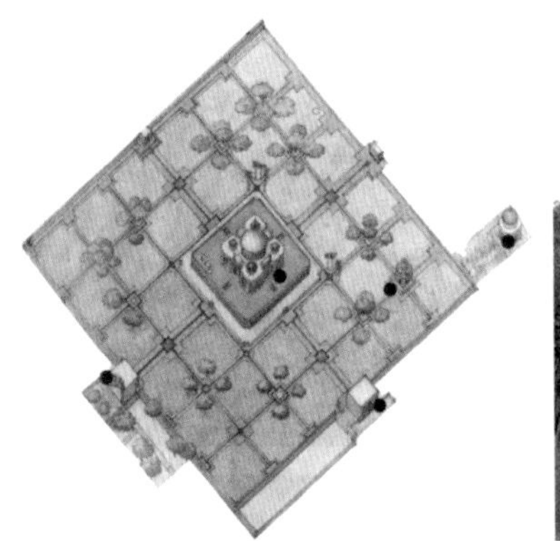

图6-116　胡马雍陵园轴测图

图6-117　胡马雍陵园内景

图6-118　泰姬・玛哈尔陵园内景

陵墓的主体占用了陵园中心的四个小花园的面积，以它为中心发散出去的四条水渠让人联想到《古兰经》中的四条河流，中央高台上红色砂岩的陵墓主体配上顶部白色大理石的巨大穹顶，显得端庄肃穆，成为陵园之中的焦点所在，再加上周边的流水、植物，俨然一副天堂花园的景象。如今，衬托陵墓主体的花园已经成为一片不毛之地，果树、绿茵都消失殆尽，仅剩水渠、喷泉保持了原有的模样，不免显露出荒凉之色。这座陵园作为印度伊斯兰时期早期的陵墓性花园有着重要的意义，它的设计手法在若干年之后的泰姬·玛哈尔陵园中仍有所体现。

（2）泰姬·玛哈尔陵

泰姬·玛哈尔陵内部的陵墓性花园位于整座陵墓的中央地带，300米见方，是一方形的整体（图6–118）。和其他的陵墓性花园相比，其最大的特色在于花园部分忠实地还原了伊斯兰花园在《古兰经》中描述的景象。设计师突破了伊斯兰陵墓性花园的向心格局[1]，将陵墓主体向北挪至了亚穆纳河河边，也就是陵园的最北端。这样设计的好处一是将陵园部分合成一个整体，在陵园中央布置喷泉水池；二是让陵墓主体建于河边的高台之上，可以俯瞰亚穆纳河，并形成一定的景观作用，使得天空成为泰姬·玛哈尔陵主体的唯一背景（图6–119）。

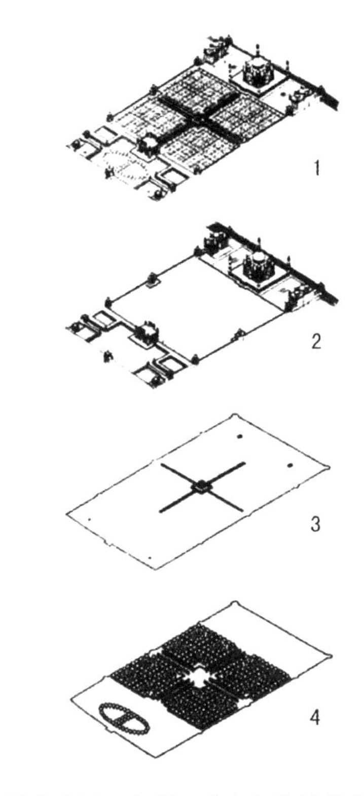

图6–119　泰姬·玛哈尔陵园结构分析图

1 概貌；2 墙体及建筑；3 水体；4 种植

十字交叉的甬道将陵园内部的花园分割成四个相等的查哈·巴格，每个查哈·巴格内部又被十字相交的人行道分割成四个花园。园林的中心是一方水池，水池的中央为喷泉，喷泉涌出的泉水经过四条甬道中间的水渠流向园林各个角落，组成一个流动的水系。水渠周边有着下沉式的草坪，并种植灌木，形成中央轴线（图6–120）。轴线的末端就是典雅圣洁的陵墓主体部分，从陵园到陵墓主体都

1 郭风平，方建斌．中外园林史[M]．北京：中国建材工业出版社，2005．

采用中轴对称的布局形式。站在陵园的南入口看陵园另一端的陵墓主体的景观构图被无数游人记录了下来，而站在陵墓主体的高台之上回望入口时，被水渠和人行道整齐切割的陵园则展现出伊斯兰陵园无与伦比的几何之美。

图 6-120 泰姬陵陵园内水渠及下沉式草坪

3. 游乐性花园

与陵墓性花园不同，印度伊斯兰时期的游乐性花园多建于河流流域或者溪谷之中，这些地区依山靠湖，地势相对较陡。建在这种地理环境中的花园自然不像平原地区的那般平坦，而根据地势形成台地式园林。泉水或者溪流源头位于这类园林的最高处，水流顺应着事先设计好的流线，通过水渠缓缓跌落下来，最终汇聚到花园低地势的另一头。地势低的一端往往与河流或是湖泊相衔接，使得园林中流淌下来的水流可以注入其中。游乐性花园巧妙利用地形，将山体、园林、流水三者融为一体。

在游乐性花园中，静态的水景很少出现，取而代之的是喷泉、跌水、小型瀑布等流动的水景，流水叮咚的声响充斥花园的角角落落，让人们更加有亲近自然的感受。地势高差的存在，还为前来参观的游人提供了更好的角度观赏花园以及周边群山湖泊的景色。

游乐性花园出现于印度莫卧儿帝国时期，其最具代表性的作品是克什米尔的夏利马尔花园和尼沙特花园。

（1）夏利马尔花园

夏利马尔[1]花园位于斯利那加（Srinagar），由莫卧儿皇帝贾汉吉尔于 1619 年建造，至今较为完好地保留下来。整座园林坐北朝南，四周群山环抱，北侧地势高，与山坡相连，南侧地势低，与达尔湖（Dal Lake）相接。园林主体按照高差的不同分为三个部分：南侧与湖泊相连的部分为公共庭园，中央为帝王庭园，

1 在梵语中，“夏利马尔”指“爱的居所”。

北侧与山坡相连的是供王妃和女眷使用的后宫庭园。三个部分由中轴线上的水渠穿越而过，每个部分在水渠上方都设有一个凉亭作为景观节点（图 6–121）。

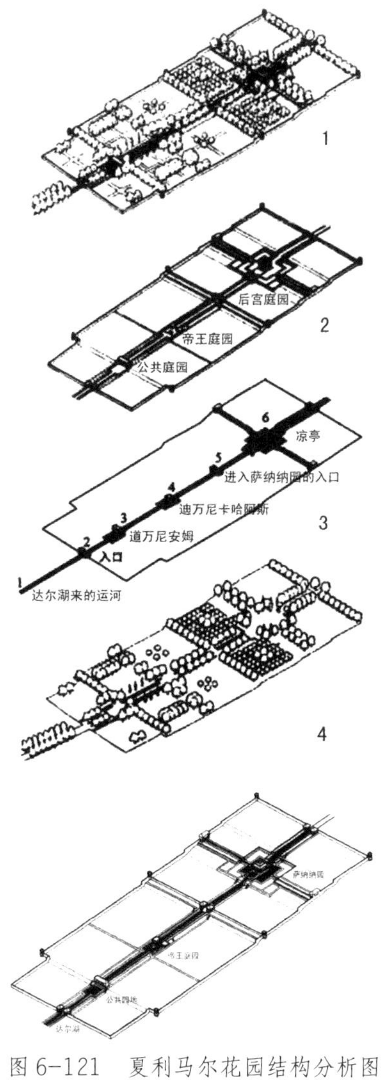

图 6–121　夏利马尔花园结构分析图
1 概貌；2 建筑及台地；3 水体；4 种植

最外侧的是经常向外开放的公共庭园，这里除了有公众会见大厅，还有皇帝经常坐在那里当众演讲的巴拉达里。中央庭园比公共庭园稍宽，由两个低矮的露台组成，中间建有私人会客大厅，皇帝在这里与朝廷的官员们洽谈公事。虽然如今作为私人会客大厅的建筑已不复存在，但石台基和喷泉之中的平台还留有一些遗迹。最里面的后宫庭园是三个庭园中最精彩的一个，庭园的中央至今还矗立着沙・贾汗后来建造的黑色大理石凉亭，晶莹的碧水在光亮的大理石上闪闪地发着光芒（图 6–122）[1]。

（2）尼沙特花园

尼沙特花园位于夏利马尔花园的南边不远处，同样坐落于达尔湖的东岸，由努尔・贾汗的兄弟建造。这座游乐性花园在样式和规模上都与夏利马尔花园相类似，起源于同样的建造蓝图，也同样建造于贾汉吉尔统治时期。不同的是，尼沙特花园并不是一座皇家园林，没有像夏利马尔花园那样的空间礼仪层次，整座花园总共只有两个部分：低处的快乐乐园和高处的萨纳纳园（图 6–123）[2]。

1 洪琳燕 . 印度传统伊斯兰造园艺术赏析及启示 [J]. 北京：北京林业大学学报（社会科学版），2007（09）：36–40.

2 [美] 查尔斯・莫尔，威廉・米歇尔，威廉・图布尔 . 看风景 [M]. 李斯，译 . 哈尔滨：北方文艺出版社，2012.

图 6-122　后宫庭园中的黑色大理石凉亭

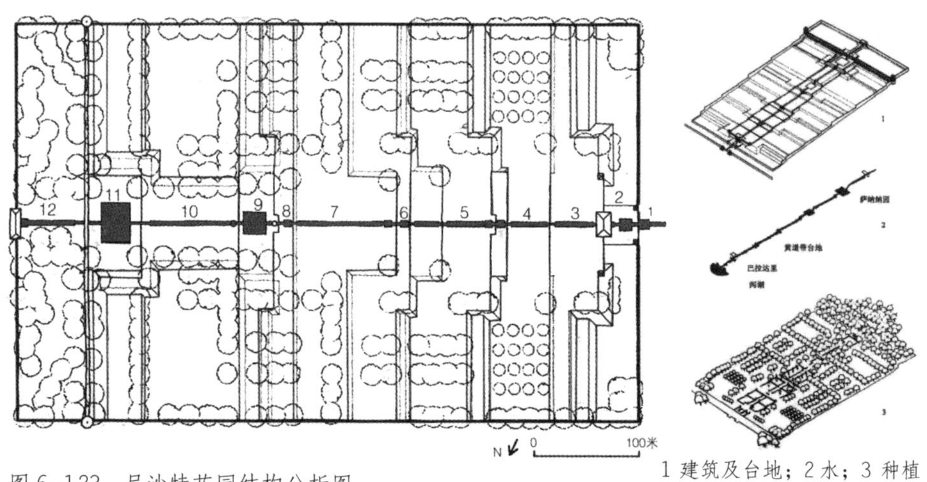

图 6-123　尼沙特花园结构分析图

1 建筑及台地；2 水；3 种植

尼沙特花园的入口处有一座巴拉达里，穿过它就来到黄金带台地。黄金带台地由12层台地组成，对应于黄道的12个标志。流水从最高处的萨纳纳园湍流直下，经过12道台地之后汇入达尔湖（图6-124）。花园的跌水台地之所以有12层之多，主要归因于尼沙特花园的选址。它坐落的地形要比夏利马尔花园陡峭得多，为了让高处的河水顺利流进湖中，台地的数量相应多了。尼沙特花园的中央水渠以及

图 6-124 尼沙特花园中的跌水

每一座水池内都设有喷泉，喷泉有的呈直线形布局，有的呈组团的梅花式布局。当所有的喷泉一起喷水时，整个庭园都充满了生机。

小结

随着伊斯兰文化的入侵，来自中亚的伊斯兰教风格的建筑形式渐渐传播到印度，开始了伊斯兰风格与印度本土风格相互影响并融合的过程。从开始生硬地将不同文化的元素进行堆砌，发展到莫卧儿帝国盛期，形成了相对成熟的印度伊斯兰建筑风格，整体风格简洁明快又富有华丽的装饰。印度伊斯兰风格的形成象征着印度伊斯兰艺术最伟大的成就。世界现存大量独特的印度伊斯兰建筑精品，它们既是伊斯兰的，可以说是中晚期世界伊斯兰建筑的集大成者，同时也是印度的，是印度人民在吸纳异域文化的同时又包容自身传统的伟大创造[1]。

本章将印度伊斯兰时期的建筑分为城堡宫殿、清真寺、陵墓、阶梯井、园林艺术五种类型，对每种类型做了介绍并列举实例进行具体的分析。城堡、宫殿、

1 萧默．华彩乐章：古代西方与伊斯兰建筑[M]. 北京：机械工业出版社，2007.

清真寺是印度伊斯兰时期最具代表性的三种建筑类型，其实例之广遍布印度次大陆，每一个朝代几乎都建造自己的城堡宫殿、清真寺、陵墓建筑。随着德里苏丹国时期向莫卧儿帝国时期的发展，建筑的构造以及材料的运用都向着更加高级的阶段迈进，建筑主体所体现出来的印度伊斯兰风格的特征也愈发明显。阶梯井作为一种特别的建筑形式集中反映了伊斯兰文化同印度文化的成功交融，主要分布于印度的西北部地区。园林艺术则经常同城堡宫殿、陵墓一同出现，反映出伊斯兰文化中对于天堂生活的终极向往，园林艺术在莫卧儿君主的手中发展到了极致。

第七章　印度伊斯兰时期建筑的结构与装饰特征

第一节　印度伊斯兰时期建筑结构特征

1. 穹顶

穹顶，又被叫做圆顶、穹隆，常指建筑物厅堂上方修建的凸面顶盖部分，平面呈圆形或多边形，是一种美妙的屋顶形式。世界上第一座著名的穹顶建造于罗马万神庙，之后在6世纪中叶，为了满足宗教活动对于大空间的需要，拜占庭地区发明了在相互分离的支柱上支撑起穹顶的结构方式，采用了帆拱这一特殊的结构将圣索菲亚大教堂的巨形穹顶建造在方形的建筑平面之上（图7-1）。此后，穹顶这种屋顶形式随着伊斯兰教的传播而被广泛使用。

图 7-1　圣索菲亚大教堂穹顶

穹顶根据形状可分为半圆形穹顶、尖形穹顶、洋葱形穹顶、浅式穹顶等形式。穹顶的建造方式也多种多样，在伊斯兰世界中可根据建造方式将穹顶分为：（1）拱肋式穹顶，由承重的拱肋构成，拱肋之间填充非承重的填料。（2）折叠式穹顶，表面呈褶曲状，由面包状的凸面墙壁拱肋构成，拱肋仅用凹槽相互隔开，这是中亚地区特有的一种穹顶样式。（3）伞形穹顶，这是由多个弧段构成、整体呈伞状的一种圆形穹顶。（4）双重穹顶，由两层外壳的圆形穹顶构成，虽然本身可以用鳍状物将两层外壳构成的穹顶相互连接起来，但出于形式上美感的追求，两层外壳一般各自独立。内层穹顶将建筑包裹在内部，外层穹顶则用于增加建筑的整体高度和美感，外层穹顶一般比内层穹顶轻盈[1]。

在穆斯林政权还未侵入印度土地之前，印度并没有掌握任何与拱、圆顶有关的构建方式，直到1287年，现存于梅劳里考古遗址公园内的吉亚斯·乌德·丁·巴尔班陵的建造中第一次使用了真正的穹顶技术（图3-6）。此后穹顶随着伊斯兰文明的传播在印度被越来越多的建筑所使用，卡尔吉王朝时期的阿莱·达瓦扎、图格鲁克王朝时期的吉亚斯·乌德·丁·图格鲁克陵，以及后来胡马雍统治时期的胡马雍陵、沙·贾汗统治时期的泰姬·玛哈尔陵，这些重要的建筑无一例外地使用了穹顶的屋顶形式。穹顶结构在印度传播的过程之中，由一开始覆钵式的矮矮的形式慢慢发展成半圆形，到最后形成成熟的鳞茎状。穹顶与建筑主体的衔接部分也经历了鼓座从无到有、从简单质朴到精美华丽的变化过程（图7-2）。特别是洛迪王朝之后，穹顶的应用越来越广泛，形式也趋于完美。在穹顶的顶端还会覆上华盖，插上尖顶。莫卧儿帝国时期更是在形式的美感、材质的使用上达到了顶峰，以集中式的大穹顶为中心，周边配以小型的穹顶来衬托，使得整体构图更加活泼、紧凑。

图7-2　印度伊斯兰时期穹顶发展示意图

1 ［英］马库斯·海特斯坦，彼得·德利乌斯．伊斯兰：艺术与建筑[M].中铁二院工程集团有限责任公司，译．北京：中国铁道出版社，2012.

穹顶的建造技术融合了印度当地的传统工艺，建造的过程是先建造拱门，再砌筑墙体，然后搭建穹顶的支撑构件，最后在其上面将穹顶完成（图 7–3）。穹顶的自重和侧推力由鼓座收集分配后向下传递，连同墙壁的重力一起传递到建筑的基座上，基座结构将受力传递到砂岩的基础中去（图 7–4）。

胡马雍陵的穹顶建造完成正式标志着印度双重复合式穹顶的出现。整个穹顶分为内外两层，外层可以根据建筑外观的需要调整大小、高度、形状，并贴以精美的大理石面砖，内层作为建筑室内的天花，由室内的使用需求确定高度，相互不干扰。这种设计方法传自波斯，后在印度伊斯兰时期的建筑上广泛使用，经典之作泰姬·玛哈尔陵的主体穹顶就采用这种设计方法。

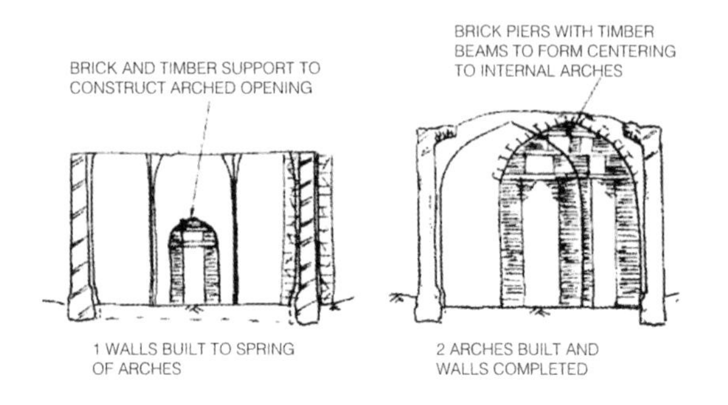

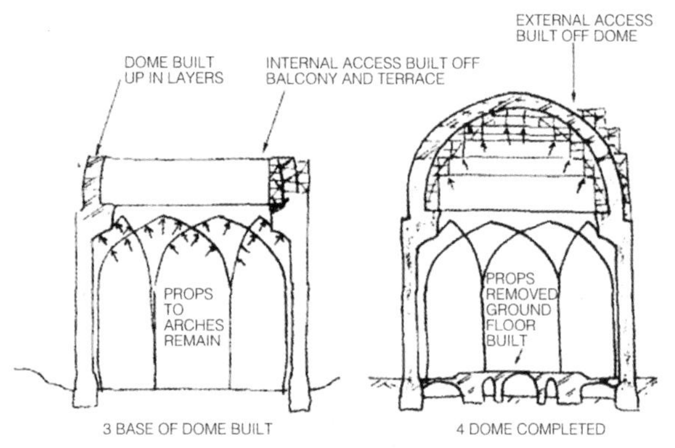

图 7–3　印度伊斯兰时期穹顶建造过程图

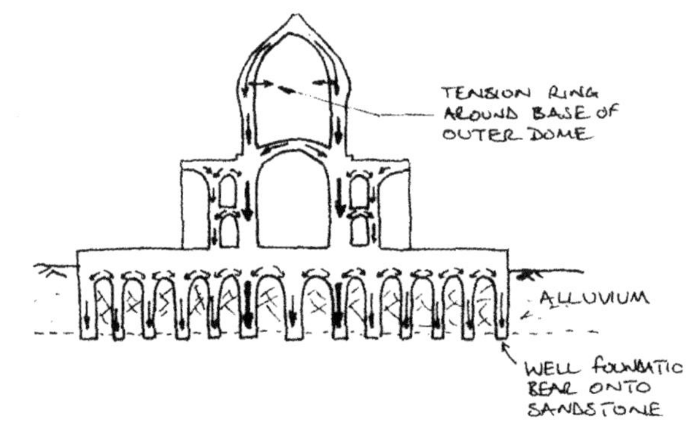

图 7–4　印度伊斯兰时期穹顶受力分析图

2. 拱券

拱券，是拱和券的合称，是一种常见的弯曲状构建形式，一般用砖、石等材料搭建，在造型优美的同时还可以承受上部的荷载，起到围合空间的作用。拱券技术起源于公元前 4 世纪晚期两河流域下游的冲击平原，由于该地区缺少较好的

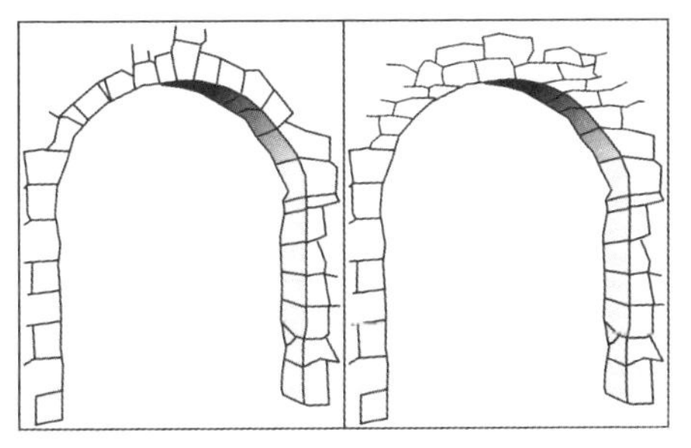

图 7-5　放射形拱券与叠涩形拱券示意图

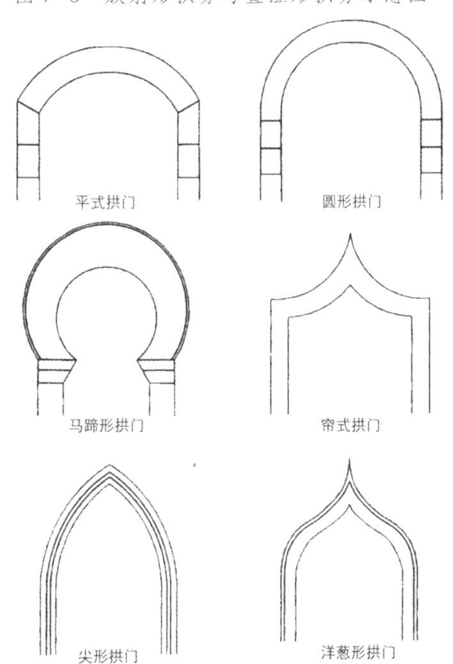

图 7-6　多种形式的拱券示意图

图 7-7　吉亚斯·乌德·丁·巴尔班陵遗址内的放射形拱券

建造用砖石，因此拱券技术没有太大的发展。1—3 世纪，拱券技术传播到古罗马地区，当时的拱券是用石头一层层砌筑起来的叠涩券，经过聪慧的罗马人的改进，真正的放射形的拱券形式得以呈现。这种构造充分利用砖石抗压性能好的优势，形成一种更加稳定和坚固的形式（图 7–5）。此后拱券技术与其他建造结构相结合，组合成众多的结构形式，并随之被广泛运用开来。7 世纪中叶，伊斯兰世界渐渐形成并创造出一套独特的建筑体系，这套体系将拱券技术吸收进来并发扬光大。伊斯兰世界较为常用的拱券形式有圆形拱券、尖形拱券、洋葱形拱券、马蹄形拱券、多心式拱券、钟乳石拱券等多种（图 7–6），这些拱券形式多用于拱门和拱廊的建造之中。

伊斯兰文明未进入印度之前，印度的本土建筑结构形式都由梁柱结构组成，在需要开门开窗的地方加过梁来解决，从没出现过应用拱券技术的痕迹。穆斯林到来之后，带来新型的建筑形式，同时也带来先进的建筑技术。一开始建造清真寺时，印度的工匠们对于真正的拱券技术还没能掌握，而用叠涩的方法模仿拱券的样式砌筑。例如库瓦特·乌尔·伊斯兰清真寺巨大的屏墙就是工匠们根据预先设计好的拱券形状将一块块砖块打磨成需要的形状，然后一层一层堆砌出来的。到了13世纪末期，印度的工匠们终于掌握了放射形拱券的建造技术，同穹顶一样最初运用在梅劳里考古遗址公园内的吉亚斯·乌德·丁·巴尔班陵遗址上（图7-7）。完善后的拱券技术在印度飞速发展，形式上由德里苏丹国时期的尖顶券发展成莫卧儿帝国的波纹状拱券（图7-8），材质由一开始的砂岩砖石发展到后期的大理石，拱券边缘与拱肩的装饰也越来越精致和多样。拱券的形式丰富了，波纹状拱券等柔美的样式多被应用于宫殿或清真寺礼拜殿的室内外，城堡或清真寺的大门习惯性地采用较为庄重有力的洋葱状尖顶券形式。

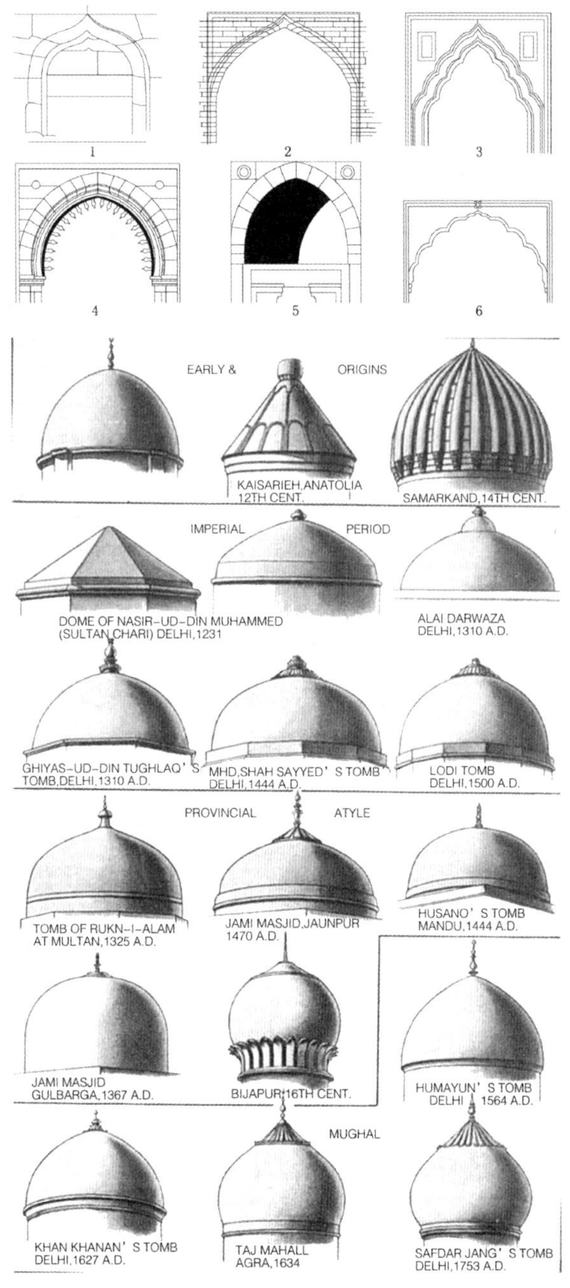

图7-8 印度拱券形式发展示意图

1. 7 世纪鹿野苑佛塔； 2. 1200 年库特卜大寺屏墙；3. 1225 年阿德莱屏墙；4.1310 年阿莱门；
5. 1325 年吉亚斯·乌德·丁·图格鲁克陵；6.17 世纪莫卧儿帝国

3. 伊旺

伊旺（Iwan），又称为 Ivan，是一种面向庭院或者广场的拱顶大厅结构，通常用在公共建筑及较庄重的建筑之上，以强调建筑内部事务的重要性。伊旺是由开敞式的半穹顶结构覆盖的一种结构形式，进深较小，一般装饰钟乳拱，是伊斯兰建筑的重要特征之一（图 7-9）。伊旺最早出现于 4—6 世纪的萨珊王宫，其形式源于古典主义晚期在近东地区的房屋和宫殿建筑。伊旺这种构造形式满足了伊斯兰建筑的多种功能，因此宗教和民俗建筑都有应用。对于波斯建筑而言，将四座伊旺两两相对、共同朝向中央庭院的布局模式是一种典型的平面布局，广泛应用于清真寺建筑中。

图 7-9　胡马雍陵主体的伊旺

正规的伊旺被叫做“Pishtaq”，这是一个波斯的建筑术语，指建筑物大门的正立面投影。这种大门建筑通常镶嵌釉面瓷砖装饰表面，装饰图案以阿拉伯的书法和几何图案为主。在向其他国家传播的过程中，伊旺的形式和特点被允许加入一些地方色彩在其中，在建造尺度、材料以及装饰方面有了巨大的发展。随着伊斯兰文化进入印度，伊旺这种特殊的建筑构造也一同传入，并快速成为印度伊斯兰时期建筑的重要特征之一。

印度伊斯兰时期的建筑从德里苏丹国时期开始渐渐产生伊旺的建筑结构形式，最具有代表性的是江布尔地区清真寺礼拜大厅门前的入口。这一时期的伊旺比较简单与质朴，浅浅地建造在一面高大的屏墙上，没有过多的装饰，建筑材料都是黄色的砖石砌块。到了莫卧儿统治时期，随着建筑技术和材料的不断进步，各式各样的伊旺出现在不同的建筑形式上，如法塔赫布尔・西克里贾玛清真寺布兰德・达瓦扎上的伊旺、德里胡马雍陵主体立面上的伊旺、泰姬・玛哈尔陵主体立面上的伊旺都展现了伊旺对于印度伊斯兰时期建筑的重要意义。

4. 卡垂

图 7-10 拉贾斯坦地区的卡垂

卡垂，印地语，指雨伞或树冠，是一种被架于高处的圆顶形亭阁状的印度教建筑物，起源于拉贾斯坦地区，常用于营造印度中西部地区建筑的雄伟壮阔（图 7-10）。为纪念国王和皇室成员，卡垂这一建筑元素被广泛运用，并慢慢地发展成为装饰性的亭阁，在莫卧儿时期建筑达到了建造上的顶峰。

运用卡垂作为装饰的建筑不胜枚举，但基本上可以将其分为两大类。一类用于光塔或露台之上，有实际使用功能，能为人们遮蔽风雨，如法塔赫布尔·西克里城堡内潘奇宫殿最顶层的卡垂以及泰姬·玛哈尔陵四座光塔上的卡垂等。另一类毫无实际用途，纯粹为了建筑立面美观而设，装饰性的卡垂有法塔赫布尔·西克里贾玛清真寺布兰德·达瓦扎顶部的一排卡垂以及德里贾玛清真寺东大门顶部的一排卡垂等。

5. 迦利

迦利，指穿孔或格子状的漏空石质屏墙，常与运用书法或几何图案的装饰性图案构件连用，是印度一种传统的构建形式（图 7-11）。迦利用于希望空气流动不受阻碍但需要一定私密性的空间，建于建筑的墙壁、窗户以及栏杆的石板上。起初，印度贵族采用带迦利的屏墙只是单纯地为了遮挡强烈的阳光，让室内不那么闷热。当伊斯兰文化进入印度之后，穆斯林在迦利中增添了更多的宗教因素和个人情感。随着建造技术的不断进步，迦利这种形式的的构建本身所具有的装饰属性大过了原有的功能属性，皇宫贵族们尤其喜爱将它用于墙面、窗户、栏杆的装饰上，使得建筑在外观美观的同时提供清凉的室内环境。

图 7-11　迦利制成的栏杆

印度教和伊斯兰教都有着对于太阳的崇拜。在印度教中，太阳神代表着健康、财富、希望，而印度教教徒喜爱雕刻艺术在强烈的阳光下形成的光与影的变化。伊斯兰文化进入印度之后，伊斯兰的几何图案和植物纹样被植入印度的迦利构建之中（图 7-12）。穆斯林的重复交错的抽象几何形式和生生不息的植物纹理，正好同印度教教徒的雕刻纹理以及光影变化不谋而合，使得迦利在印度伊斯兰时期的建筑装饰里大放异彩。

运用迦利的建筑实例很多，其中最具代表性的是法塔赫布尔 · 西克里贾玛清真寺内的萨利姆 · 奇什蒂墓。这座建筑通体由白色大理石建成，建筑主立面的窗

图 7-12　印度伊斯兰时期各式迦利的纹样与构成

户全部为透雕的大理石迦利面板，在周围灵动优雅的柱廊衬托下，整座建筑显得玲珑剔透。同时，迦利给室内空间添加了光影变幻的无穷魅力（图 7–13）。德里胡马雍陵主体和阿格拉泰姬·玛哈尔陵外立面同样采用迦利的立面装饰，前者用红色砂岩材质，后者用白色大理石材质，材质虽有不同，但都为室内墓室营造出安详而又有一丝凝重的氛围，这种室内环境也只有运用迦利才可以营造出吧。

图 7–13　萨利姆·奇什蒂陵室内光影效果

第二节　印度伊斯兰时期建筑装饰特征

1. 装饰题材

印度人民和伊斯兰人民都十分热爱装饰艺术，在印度教建筑中，随处可见以动物和人物为主题的装饰性雕刻，而在伊斯兰建筑中则大面积地使用以植物图案为主的装饰艺术。印度伊斯兰时期建筑的装饰题材基本属于伊斯兰风格，伊斯兰式的装饰纹样随着伊斯兰教的兴起而发展起来。伊斯兰教反对偶像崇拜，极为厌恶将具象的动物或人物的形象作为装饰性图案表现在墙面上[1]，因此掀起了以曲线的植物纹理为主要题材的伊斯兰风格装饰的潮流，同时汲取西方的棕叶卷草纹装饰的优点，将本民族的装饰艺术发展到一个新的高度。在多样的伊斯兰装饰纹饰中，最具代表性的是几何纹样、植物纹样和文字纹样三种类型。

（1）几何纹样

几何纹样（Geometric Patterns）是伊斯兰装饰艺术中最基本的元素，而圆与方两种图形是基本元素中的基础。在伊斯兰的世界中，一切的事物都是偏于抽象化的存在。圆形代表着宇宙的中心以及真主阿拉的无上权威；方形代表春夏秋冬四季、东南西北四方。在圆与方的基础上，伊斯兰教的艺术家们进行了各式各样

1 一般认为真主是唯一的造物主，而以艺术模仿生命的任何做法，则是企图僭取他的造物主角色。

的尝试，通过旋转、组合、重叠、抹角等手法，创造出六边形、八边形、十二边形、菱形、星形等多种图案组合在一起的装饰纹样（图7–14）。这些纹样蕴含艺术的美感和数学的精密感，圆中有方、方中有圆的纹样布置体现着伊斯兰教中玄妙的哲学思想。

图 7–14 伊斯兰装饰题材中的几何纹样

（2）植物纹样

植物纹样在伊斯兰装饰艺术中被称为蔓藤花纹或阿拉伯式花纹（Arabesque），是伊斯兰装饰艺术的基本元素之一，它以抽象的手法将自然界中的植物图形进行加工创作，用于建筑需要装饰的部位上。该纹样富有韵律，以延绵不绝的卷须和枝叶交错的韵律体现生机勃勃的大自然的力量，被其装饰的建筑更加阳光和生动（图7–15）。

（3）文字纹样

在伊斯兰装饰纹样中还有一种较为特别的类型即文字纹样，也称做伊斯兰书法（Islamic Calligraphy）。这种纹样基于阿拉伯语的书写体进行艺术加工而产生，以点和线为基本元素，加以适当的转折和衔接，形成优美的文字图案。在伊斯兰的文字字体中，库法体出现得最早，使用也最为广泛，其次是纳斯赫体。库法体呈方形，强劲有力，横竖分明。纳斯赫体作为一种手写体，因其在读写方面相对简单而易被大众接受。装饰性书法有各式各样的艺术形式，有时文字穿梭于动植物的图案之中。有植物装饰图案

图 7–15 伊斯兰装饰题材中的植物纹样

的手写体起装饰作用，有比喻意义的手写体则用于表达意思[1]。

这些字体多少与伊斯兰教的《古兰经》有着密切的关系，阿拉伯人的手写体在伊斯兰世界中具有特别重要的意义，是传播《古兰经》的工具，各种不同的手写体的形成几乎被视为一种宗教行为。伊斯兰教的建筑上通常将《古兰经》的内容通过书法的艺术样式绘制或者镶嵌于建筑的伊旺之上，以示庄重、肃穆。

图 7-16　伊斯兰装饰题材中的文字纹样

三种装饰纹样都是印度伊斯兰时期建筑上常用的装饰主题，用于清真寺、城堡、宫殿、陵墓等多种形式的室内外装饰上，并在莫卧儿帝国时期发展到顶峰。三种纹样之间并不是相对独立的，工匠常常将它们搭配使用，以达到变化无穷、花样繁多的装饰效果。

2. 装饰手法

印度伊斯兰时期建筑的装饰手法主要是雕刻、镶嵌、绘画三种。

图 7-17　浅浮雕工艺

雕刻：伊斯兰文化进入印度之前，本土的印度教、佛教或耆那教建筑由石材建造，建筑内外都会在石头上雕刻出花样繁多的装饰图案和宗教的神灵形象，通常用高浮雕的工艺雕刻出动植物、人物的形象，这为伊斯兰时期建筑的装饰工艺提供了很好的前

1 ［英］马库斯·海特斯坦，彼得·德利乌斯．伊斯兰：艺术与建筑[M].中铁二院工程集团有限责任公司，译．北京：中国铁道出版社，2012.

提条件。伊斯兰教将属于自己宗教传统的装饰思想带入印度，伊斯兰教教徒喜爱用几何、植物、书法的纹理图案，通过浅浮雕和透雕两种工艺方式展现出来。雕刻可以在抹灰、石材、木料、大理石等多种材料上完成，满足不同时期、不同地域、不同风格的装饰要求。印度的工匠们将特定题材的雕刻运用在建筑的墙面、门窗、天花、柱式上（图 7–17），使得印度伊斯兰时期的建筑较波斯地区显得更加灵动、有韵味。特别是迦利上透雕的运用，不仅使被装饰的空间光线柔和，也增添了空间内部光影变化的乐趣（图 7–18）。

图 7–18　透雕工艺

镶嵌：镶嵌工艺是指将一种材质切成规定的形状和大小嵌入另一种预先留好槽孔的材质之中，在德里苏丹国时期的印度，工匠们将大理石镶嵌在砂岩材质中以起到美化建筑的作用。到了莫卧儿帝国时期，建筑的工艺和材质越来越高级了，宝石或者半宝石的材料被使用镶进大理石之中，拼贴出精美的伊斯兰教纹样，使建筑整体的的质感都有了提升。在白色大理石上镶嵌半宝石的工艺起源于意大利文艺复兴末期，在意大利被称为皮耶特拉·杜拉（Pietra Dura），于 17 世纪初期传入印度。第一次使用这种工艺的建筑是位于阿格拉的伊蒂默德·乌德·道拉陵，陵墓主体立面上的玛瑙、黄玉、天青石等宝石，按照伊斯兰精美的几何和植物纹样，镶嵌在白色的大理石上。整座建筑就像一个制作精良的象牙珠宝盒一般置于园林中央。在建造泰姬·玛哈尔陵时，镶嵌工艺被工匠们发挥到极致，宝石的色泽及图案

图 7–19　镶嵌工艺

的精美程度都让人叹为观止（图7–19）。

绘画：印度的绘画注重线条和色彩，和建筑一样，印度伊斯兰时期的书画艺术也源自波斯。早期，由于伊斯兰政权反对偶像崇拜，造成绘画艺术发展停滞，但建筑上的绘画艺术表现得较为活跃（图7–20）。德里苏丹国及其他区域化的苏丹领地将绘画艺术融入建筑室内外的装饰之中，如在天花的中央描绘圆形中轴对称的图案，在清真寺礼拜殿的米哈拉布上绘制宗教特色的壁画等等。到德里苏丹国与莫卧儿帝国交替时期，绘画的装饰工艺已渐渐减弱，人们更加注重雕刻工艺的立体效果，只是在雕刻完成的装饰纹样上施涂一定的色彩突出整体效果。莫卧儿帝国时期，绘画以细密画这种专门的艺术形式独立开来，不再运用于建筑装饰上，雕刻和镶嵌工艺则取而代之。

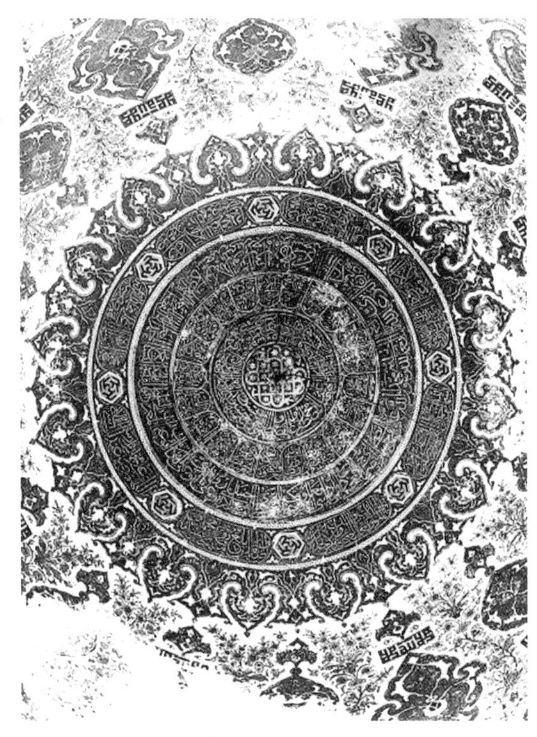

图7–20　绘画工艺

3. 装饰部位

印度人民热爱装饰艺术，并将之渗透进日常的生活起居、穿衣佩戴中。伊斯兰也是这样一个民族，在伊斯兰建筑中特别可以体现出装饰对于他们的重要意义。印度伊斯兰时期的建筑尤其注重装饰，从外观到内饰，从墙脚到屋顶，都力所能及地进行了雕琢，建筑的屋顶、墙壁、地面、门窗等部位最为考究，光塔、柱廊、庭院空间等附属建筑物也都进行一定的考虑，精益求精的精神使得建筑呈现出丰富的艺术美感，营造出富丽堂皇的氛围。

柱廊：对柱廊的装饰可谓印度人民与生俱来的能力，众多印度伊斯兰时期的清真寺都留有早期印度教寺庙留下的柱式痕迹，不论柱头、柱身还是柱础都可见印度能工巧匠们雕刻的精美图案。印度伊斯兰时期，工匠们在原有基础上去除繁复的工艺，采用精致的伊斯兰风格，在保留本土建筑柱头等特色支撑构件的同时，将柱身、柱础的构造与伊斯兰纹样完美地结合在一起。

图 7-21 穹顶内部石膏雕刻

屋顶：印度伊斯兰时期建筑的屋顶多为穹顶，早期时穹顶的内表面连同支撑构件一起被覆以石膏面层，雕刻精美的几何或植物纹样（图 7-21），发展到后期其内表面贴大理石面砖，或做钟乳拱的壁龛装饰，外表面贴面砖后顶部覆以莲花状的华盖和尖顶装饰，达到一种华丽的质感。穹顶下方的鼓座也加一圈装饰，以营造华美的视觉感受。至于平屋顶则做出檐口以保护墙面，并在檐口下方用印度传统形式的蛇形托架支撑。

墙壁：用雕刻或镶嵌的工艺，以植物、书法、几何图案为题材进行装饰。早期多以建筑立面本身的结构构件作为装饰的主体，建造时用不同质地或颜色的材料进行砌筑，建造完后在表面适当施加雕刻和色彩的装饰就可以达到较好的视觉效果。发展到后期，建筑本体的结构更加精练了，表面则加以各式各样的雕刻和镶嵌工艺制作的伊斯兰纹样来装饰。整座建筑给人一种远看优美凝练、近看精致出彩的主观感受。

图 7-22 镶嵌的地面装饰

门窗：门窗多结合伊旺，根据立面构图需要进行分层处理。门多为洋葱状的尖顶拱门，拱门边缘和拱肩上有伊斯兰纹样的装饰处理。窗常常嵌有迦利面板，使得立面更加空灵、室内私密性得到保证，同时也起到一定的遮阳和空气流通的作用。总的来看，早期对于门窗装饰重视的程度低于后期。

地面：印度伊斯兰时期的建筑对于地面装饰的重视程度与屋顶天花相当，地面多采用马赛克拼贴的镶嵌工艺构成植物或几何图形的纹案，常用互补的颜色进行搭配（图 7–22）。

小结

印度伊斯兰时期的建筑，以印度本土的建筑文化为土壤，吸收外来伊斯兰文明的建筑体系，孕育出独树一帜的建筑风格。本章主要通过建筑结构与建筑装饰两个方面的介绍，全面分析这一特殊风格的建筑特征。

在建筑结构方面，伊斯兰文化给印度的建筑体系带来了宗教意义浓厚的穹隆屋顶、受力更加合理的拱券技术、好看实用的伊旺式立面以及宽敞高大的内部使用空间；在建筑装饰方面，伊斯兰文化给印度带来了精致美丽的伊斯兰装饰纹样和先进的装饰工艺。注入的新鲜事物和印度本土结构与装饰的传统文化发生了美妙的碰撞与巧妙的融合，这并不是两种建筑文化的机械结合，而是相互渗透之后的再创造。结构上穹顶与卡垂、伊旺与迦利很好地结合到一起，装饰上印度传统的工艺与新颖的装饰主体结合在一起。此外，新生成的构造方式与建筑装饰艺术彼此之间也相辅相成、相得益彰，最终在世界建筑史上呈现出独具风格的建筑奇迹。

印度伊斯兰建筑与“正宗”的伊斯兰建筑存在区别，除了广泛使用石材以外，还体现在：采用源自印度教传统的成排透空小亭，源自耆那教和印度教的仿木结构石板挑檐和檐下出挑构建；在中央大穹顶上，继承佛教华盖或印度教盖石的做法，加用了宝顶；大穹顶四周多有四个小穹顶作为陪衬等等。这些处理手法，使得印度伊斯兰建筑形象更富有变化，性格更为开朗、轻灵通透[1]。

1　萧默．华彩乐章：古代西方与伊斯兰建筑 [M]. 北京：机械工业出版社，2007.

结 语

季羡林先生曾经这般描述自己对印度的理解："现在我们谈印度，至少要看两个成分，一个是雅利安，另一个是穆斯林……这两个成分实际上也形成了印度文化的两个特征：前者深刻而糊涂，后者清晰而浅显。"

伊斯兰教的统治者在印度建立了政权之后，印度的建筑体系发生了根本性的变化，这固然和伊斯兰教的宗教以及政治统治有关，更和印度传统的建筑特点有关。印度本土的建筑结构原始缺乏舒适的内部使用空间，占据着主导地位的宗教建筑太过雕刻化，也没有多少除宗教建筑以外的世俗建筑形式存在，种种原因致使印度不能适应新的建筑类型和形制的发展。伊斯兰世界先进的建筑系统的介入无疑给印度封闭的建筑体系带来了新的发展方向。

本书主要介绍了从 13 世纪初期到 18 世纪初期 500 年间印度伊斯兰时期城市与建筑的发展情况，分为苏丹国时期和莫卧儿帝国时期两个部分。苏丹国时期，穆斯林依靠武力强行进入印度北部地区，带来新颖的文化和城市建筑模式，在印度的土地上大肆兴建都城，营造清真寺、城堡宫殿、陵墓等建筑。这一时期属于初期阶段，德里苏丹国的君主和地方割据的君主在自己的领土上建设新的城市，营造新的建筑，各自有其特点，建筑材料以红色或黄色的砂岩为主，形式粗犷。莫卧儿帝国时期，君主统一了印度大部分地区，政治态度上也从之前苏丹国时期的强硬变得缓和，以印度真正的主人的地位进行城市的建设和建筑的营造。这段时期城市和建筑的发展高涨，材质以及施工工艺都有提高，建筑的装饰工艺也大幅提高，出现了许多精品工程。建筑材质以砂岩和大理石为主，充分运用雕刻和镶嵌的工艺进行室内外的美化，建筑细部精美，整体落落大方。波斯传来的花园模式也在莫卧儿人的手中大放异彩，在此期间，君主们修建了大量的游乐性花园和陵墓花园，为世人所惊叹。

印度伊斯兰时期的城市与建筑让人们眼界大开。两个特别钟情装饰、钟情建筑营造的民族结合在一起，生成不容小觑的力量，使得印度文明朝向多元化的发展迈进。

中英文对照

地理名词

阿格拉：Agra

艾哈迈达巴德：Ahmadabad

艾哈迈德讷格尔：Ahmednager

阿杰梅尔：Ajmer

阿姆利则：Amritsar

安得拉邦：Andhra

阿拉伯海：Arabian Sea

阿莎瓦尔：Ashaval

阿诗图：Ashtur

奥兰加巴德：Aurangabad

孟加拉国：Bangladesh

孟加拉湾：Bay of Bengal

比拉尔：Berar

比德尔：Bidar

比哈尔邦：Bihar

比贾布尔：Bijapur

布拉马普特拉河：Brahmaputra River

科摩林角：Cape Comorin

达尔湖：Dal Lake

德干高原：Deccan Plateau

德里：Delhi

塔尔：Dhar

东高止山脉：Eastern Ghats

法塔赫布尔·西克里：Fathepur Sikri

戈达瓦里河：Gadavari River

恒河：Ganga

伽色尼：Ghazni

果阿邦：Goa

戈尔康达：Golconda

戈默蒂河：Gomati River

古尔：Gour

古吉拉特邦：Gujarat

古尔伯加：Gulbarga

瓜廖尔：Gwalior

哈拉帕：Harappa

喜马偕尔邦：Himachal

喜马拉雅山脉：Himalayas

海得拉巴：Hyderabad

印度：India

印度半岛：India Pen

印度河：Indus River

斋浦尔：Jaipur

江布尔：Jaunpur

喀布尔：Kabul

卡拉奇：Karachi

卡纳塔克邦：Karnataka

克什米尔：Kashmir

喀拉拉邦：Kerala

呼罗珊：Khorasan

克里希纳河：Krishna River

拉合尔：Lahore

拉罕娜缇：Lakhnauti

曼都：Mandu

中央邦：Madhya

马杜赖：Madurai

马格里布：Maghreb

马哈拉施特拉邦：Maharashtra

马尔达：Malda

马尔瓦：Malwa

马恩达沃：Mandav

麦加：Mecca

麦地那：Medina

摩亨佐·达罗：Mohenjo-Daro

木尔坦：Multan

穆西河：Musi River

讷尔默达河：Narmada River

新德里：New Delhi

潘杜阿：Pandua

巴基斯坦：Pakistan

华氏城：Pataliputra

巴特那：Patna

旁遮普邦：Punjab

拉贾斯坦邦：Rajasthan

萨巴尔马蒂河：Sabarmati River

萨萨拉姆：Sasaram

萨特马拉山脉：Satpura Range

塞尔柱：Seljuk

西根德拉：Sikandra

信德：Sindh

斯利那加：Srinagar

泰米尔纳德邦：Tamil Nadu

塔拉因：Tarain

乌代普尔：Udaipur

北方邦：Uttar

瓦拉纳西：Varanasi

温迪亚山脉：Vindhya Range

西孟加拉邦：West Bengal

西高止山脉：Western Ghats

亚穆纳河：Yamuna River

王朝名词

阿巴斯王朝：Abbasid Dynasty

巴哈曼尼苏丹国：Bahmani Sultanate

拜占庭帝国：Byzantine Empire

德里苏丹国：Delhi Sultanate

法蒂玛王朝：Fatimid Dynasty

伽色尼王朝：Ghazni Dynasty

古瑞王朝：Ghuri Dynasty

笈多王朝：Gupta Empire

伊利亚斯・夏希王朝：Iliyas Shahi Dynasty

江布尔苏丹国：Jaunpur Sultanate

羯陵伽：Kalinga

卡尔吉王朝：Khilji Dynasty

法兰克王国：Kingdom of Franks

库鲁王国：Kuru Kingdom

洛迪王朝：Lodi Dynasty

孔雀王朝：Maurya Dynasty

莫卧儿帝国：Mughal Empire

尼扎姆王朝：Nizam Dynasty

库特卜・夏希王朝：Qutb Shahi Dynasty

拉杰普特：Rajput

萨伊德王朝：Sayyid Dynasty

沙尔齐王朝：Sharqi Dynasty

奴隶王朝：Slave Dynasty

古尔苏丹王朝：Sultanate of Ghur

苏尔王朝：Sur Dynasty

图格鲁克王朝：Tughluq Dynasty

倭马亚王朝：Umayyad Dynasty

吠陀时期：Vedic Period

维查耶那加尔王国：Vijayanagar Empire

西哥特王国：Visigoth Kingdom

宗教名词

佛教：Buddhism

哈里发：Caliph

基督教：Christianism

希吉拉：Hegira

印度教：Hinduism

伊斯兰教：Islamism

耆那教：Jainism

犹太教：Judaism

哈瓦利吉派：Khari–jites

穆斯林：Muslim

《古兰经》：Quran

沙利亚：Sharia

什叶派：Shi'ites

锡克教：Sikhism

苏菲派：Sufism

逊尼派：Sunnite

乌玛：Umma

人物名词

阿布・阿巴斯：Abu Abbas

艾卜・伯克尔：Abu Bakr

阿布・哈桑：Abul–Hasan

奥朗则布：Aurangzeb

阿夫扎尔・阿里：Afzal Ali

艾哈迈德·拉霍里：Ahmad Lahori

艾哈迈德·沙阿一世：Ahamad Shah I

阿克巴：Akbar

阿拉丁·卡尔吉：Alauddin Khilji

阿拉·乌德·丁·沙阿·巴哈曼尼：Ala-ud-din Shah Bahmani

阿里：Ali

阿西夫·扎哈：Asif Jah

奥朗则布：Aurangzeb

巴布尔：Babur

巴鲁尔·洛迪：Bahlul Lodi

贝加·贝古穆：Bega Begum

迪拉瓦尔可汗：Dilawar Khan

菲鲁兹·沙阿·图格鲁克：Firuz Shah Tughluq

吉亚斯·乌德·丁·巴尔班：Ghiyas-ud-din Balban

吉亚斯·乌德·丁·图格鲁克：Ghiyas-ud-din Tughluq

候尚·沙阿：Hoshang Shah

胡马雍：Humayun

易卜拉欣·洛迪：Ibrahim Lodhi

伊勒图特米什：Iltutmish

贾汉吉尔：Jahangir

赫蒂彻：Khadija

马哈茂德：Mahmud

米拉克·米尔扎·吉亚斯：Mirak Mirza Ghiyas

穆阿维叶：Muawiya

穆罕默德：Muhammad

穆罕默德·阿迪尔·沙阿二世：Muhammad Adil Shah II

穆罕默德·宾·图格鲁克：Muhammad bin Tughluq

穆罕默德·库里·库特卜·沙阿：Muhammad Quli Qutb Shah

努尔·贾汉：Nur Jahan

普里特维拉贾·兆汗：Prithviraj Chauhan

库特卜·乌德·丁·艾巴克：Qutb-ud-din Aibak

萨瓦伊·杰伊·辛格二世：Sawai Jai Singh Ⅱ

沙·贾汗：Shah Jahan

萨利姆：Salim

萨利姆·奇什蒂：Salim Chishti

萨伊德·希兹尔·汗：Sayid Khizr Khan

沙姆斯·乌德·丁·易卜拉欣：Shams-ud-din Ibrahim

舍尔沙：Sher Shah

希坎达尔·洛迪：Sikandar Lodi

赛义德·穆罕默德·伊沙克：Syed Muhammad Ishaq

帖木儿：Timur

欧麦尔·本·哈塔卜：Umar ibn Khattab

奥斯曼·本·阿凡：Uthman ibn Affan

建筑名词

阿查巴尔花园：Achabal Bagh

阿达拉杰阶梯井：Adalaj Stepwell

阿迪娜清真寺：Adina Masjid

阿格拉城堡：Agra Fort

阿格拉门：Agra Gate

阿杰梅尔门：Ajmere Gate

阿克巴陵：Akbar's Tomb

阿莱·达瓦扎：Alai Darwaza

阿莱高塔：Alai Minar

阿姆吉瑞门：Alamgiri Gate

阿玛尔·辛格门：Amar Singh Gate

琥珀堡：Amber Fort

拱券：Arch

阿亥·丁·卡·江普拉清真寺：Arhai-din-ka-Jompra Masjid

阿亥·坎格拉清真寺：Arhai Kangra Masjid

阿什拉菲宫殿：Ashrafi Mahal

阿塔拉·德维：Atala Devi

阿塔拉清真寺：Atala Masjid

巴德夏希清真寺：Badshahi Mosque

巴哈曼尼陵墓群：Bahmani Tombs

巴哈曼尼风格：Bahmani Style

巴拉达里：Baradari

巴拉索纳清真寺：Bara Sona Masjid

孟加拉式屋顶：Bengal Roof

比德尔城堡：Bidar Fort

大金顶清真寺：Big Golden Mosque

比尔巴门：Birbal Gate

比巴尔之家：Birbal's House

布兰德·达瓦扎：Buland Darwaza

查哈·巴格：Chahar Bagh

昌丹派门：Chandanpal Gate

昌德高塔：Chand Minar

月光广场：Chandni Chowk

查尔高塔：Charminar

卡垂：Chhatri

查哈塔市集：Chhatta Chowk

赤垠宫殿：Chini Mahal

楚门：Chor Gate

达达·哈里尔阶梯井：Dada Harir Stepwell

达希尔达瓦扎：Dakhil Darwaza

道拉塔巴德城堡：Daulatabad Fort

德里门：Delhi Gate

迪万·伊·艾姆：Diwan–i–Aam

迪万·伊·哈斯：Diwan–i–Khas

穹顶：Dome

象门：Elephant Gate

法塔赫布里清真寺：Fatehpuri Masjid

法塔赫布尔·西克里城堡：Fatehpur Sikri Fort

菲鲁兹沙阿科特拉：Firuz Shah Kotla

菲罗扎巴德：Firozabad

菲鲁兹高塔：Firuz Minar

城堡：Fort

戈尔康达城堡：Golconda Fort

果尔·古姆巴斯陵墓：Gol Gumbaz

瓜廖尔门：Gwalior Gate

风之宫殿：Hawa Mahal

八乐园：Hasht Bihisht

英多拉宫殿：Hindola Mahal

希兰高塔：Hiran Minar

候尚·沙阿陵：Hoshang Shah Tomb

胡马雍陵：Humayun's Tomb

伊萨汗·尼亚兹陵：Isa Khan Niyazi Tomb

伊斯兰可汗墓：lsa Khan Tomb

伊旺：Iwan

拉合尔城堡：Lahore Fort

拉尔·达瓦扎清真寺：Lal Darwaza Masjid

拉尔门：Lal Gate

拉尔科特城：Lal Kot

雅扎宫殿：Jahaz Mahal

迦利：Jali

艾哈迈达巴德贾玛清真寺：Jama Masjid，Ahmedabad

巴鲁奇贾玛清真寺：Jama Masjid，Bharuch

昌帕内尔贾玛清真寺：Jama Masjid ，Champaner

钱德里贾玛清真寺：Jama Masjid，Chanderi

德里贾玛清真寺：Jama Masjid，Delhi

法塔赫布尔·西克里贾玛清真寺：Jama Masjid，Fatehpur Sikri

古尔伯加贾玛清真寺：Jama Masjid，Gulbarga

曼都贾玛清真寺：Jama Masjid，Mandu

简塔·曼塔天文台：Jantar Mantar

约哈罗卡：Jharoka

约德哈·巴伊宫殿：Jodh Bai's Palace

克尔白：Kaaba

卡迈勒穆拉清真寺：Kamal Maula Masjid

库沙宫殿：Khush Mahal

宫殿：Mahal

马哈茂德·加万宗教学校：Mahmud Gawan Madrasa

清真寺：Masjid

清真寺大门：Masjidi Gate

梅劳里城：Mehrauli

梅劳里考古遗址公园：Mehrauli Archaeological Park

米哈拉布：Mihrab

宣礼塔：Minaret

敏拜尔：Minbar

珍珠清真寺：Moti Masjid

八角塔：Musamman Burj

纳马扎尬清真寺：Namazgah Mosque

鼓乐厅：Naubat Khana

纳乌拉克哈凉亭：Naulakha Pavilion

尼沙特花园：Nishat Bagh

潘奇宫殿：Panch Mahal

穹隅：Pendentive

礼拜殿：Prayer Hall

朝拜墙：Qibla Wall

奇拉·伊·库纳清真寺：Qila-i-Kuhna Mosque

拉莱皮瑟拉城：Qila Rai Pithora

库特卜建筑群：Qutb Complex

库特卜高塔：Qutb Minar

库特卜·夏希陵：Qutb Shahi Tomb

库瓦特·乌尔·伊斯兰清真寺：Quwwat-ul-Islam Mosque

拉比亚陵：Rabia's Tomb

拉姆巴格：Ram Bagh

阮金宫殿：Rangin Mahal

红堡：Red Fort

皇家住宅：Royal Residence

庭院：Sahn

阶梯井：Stepwell

夏希大桥：Shahi Bridge

夏希奇拉：Shahi Qila

沙·贾汗纳巴德：Shahjahanabad

夏利马尔花园：Shalimar Bagh

莎尔扎门：Sharza Gate

佘西宫殿：Sheesh Mahal

舍尔嘎城：Shergarh

舍尔沙陵墓：Sher Shah Suri Tomb

西迪萨依德清真寺：Sidi Saiyyed Mosque

西里堡：Siri Fort

索尔康巴清真寺：Solah Khamba Mosque

内角拱：Squinch

塔克特宫殿：Takht Mahal

泰姬·玛哈尔陵：Taj Mahal Tomb

特拉门：Tehra Gate

陵墓：Tomb

阿里·白瑞德陵：Tomb of Ali Barid

伊蒂默德·乌德·道拉陵：Tomb of Itmad-ud-Daulah

图格鲁加巴德：Tughluqabad

弗纳格花园：Vernag Bagh

瓦朗加尔城堡：Warangal Fort

瓦齐尔汗清真寺：Wazir Khan Masjid

回音壁：Whispering Gallery

曾那纳：Zenana

其他名词

阿拉伯式花纹：Arabesque

贝都因：Bedouin

几何纹样：Geometric Patterns

伊斯兰书法：Islamic Calligraphy

库法体：Kufic

纳斯赫体：Naskhi

莲花状：Padma

皮耶特拉·杜拉：Pietra Dura

瓦尔纳：Varna

图片索引

第一章 绪论

第二章 印度伊斯兰时期历史概况

第三章 苏丹国时期印度城市与建筑的沿革

图 3-30　塔尔卡迈勒穆拉清真寺，图片来源：Research and Information Centre for Asian Studies

图 3-31　钱德里贾玛清真寺，图片来源：The Archaeological Survey of India

图 3-32　德干地区区域图，图片来源：王杰忞根据维基百科资料绘

图 3-33　昌德高塔细部，图片来源：Santosh Dholekar 拍摄

图 3-34　古尔伯加贾玛清真寺，图片来源：Research and Information Centre for Asian Studies

图 3-35　马哈茂德·加万宗教学校，图片来源：MeMirza 拍摄

图 3-36　海得拉巴查尔高塔，图片来源：汪永平摄

第四章　莫卧儿帝国时期印度城市与建筑的沿革

图 4-1　巴布尔入侵前夕的印度，图片来源：

http://homepages.rootsweb.ancestry.com/~poyntz/India/maps.html

图 4-2　阿格拉的拉姆巴格卫星图，图片来源：王杰忞根据谷歌地球资料绘

图 4-3　德里舍尔嘎城区域图，图片来源：Parth Sadaria 绘制

图 4-4　舍尔嘎城堡内的奇拉·伊·库纳清真寺，图片来源：维基百科

图 4-5　舍尔沙陵主体，图片来源：维基百科、汪永平摄

图 4-6　胡马雍陵主体，图片来源：王杰忞摄

图 4-7　法塔赫布尔·西克里城堡内景，图片来源：王杰忞摄

图 4-8　法塔赫布尔·西克里城堡私人会客大厅中央巨柱，图片来源：王杰忞摄

图 4-9　商队旅馆，图片来源：《伊斯兰：艺术与建筑》第 469 页

图 4-10　德里沙贾汗纳巴德区域图，图片来源：Parth Sadaria 绘制

图 4-11　巴德夏希清真寺，图片来源：维基百科

图 4-12　拉比亚陵，图片来源：维基百科

第五章　印度伊斯兰时期城市实例

图 5-1　德里地图，图片来源：

http://homepages.rootsweb.ancestry.com/~poyntz/India/maps.html

图 5-2　德里七城分布图，图片来源：王杰忞根据 The Seven Cities of Delhi 第 76 页绘

图 5-3　沙贾汗纳巴德平面图，图片来源：王杰忞根据 The Seven Cities of Delhi 第 103

图 5–27　比德尔居住区中心高塔，图片来源：Freewheeliing 拍摄

图 5–28　马哈茂德 · 加万宗教学校，图片来源：Ar. M.Ali 拍摄

图 5–29　马哈茂德 · 加万宗教学校平面图，图片来源：Muhammad Osman Ansari 绘制

图 5–30　阿里 · 白瑞德陵，图片来源：Shamim Javed 拍摄

图 5–31　巴哈曼尼陵墓群卫星图，图片来源：王杰忞根据谷歌地球资料绘

图 5–32　巴哈曼尼陵墓群，图片来源：Ravivarma 拍摄

图 5–33　古尔卫星图，图片来源：王杰忞根据谷歌地球资料绘

图 5–34　达希尔达瓦扎，图片来源：Research and Information Centre for Asian Studies

图 5–35　巴拉索纳清真寺，图片来源：Milusiddique 拍摄

图 5–36　巴拉索纳清真寺平面图，图片来源：National Encyclopedia of Bangladesh

图 5–37　巴拉索纳清真寺外东大门，图片来源：Research and Information Centre for Asian Studies

图 5–38　菲鲁兹高塔，图片来源：维基百科

图 5–39　古尔城内的建筑遗存，图片来源：Amartya.rej 拍摄

图 5–40　江布尔卫星图，图片来源：王杰忞根据谷歌地球资料绘

图 5–41　江布尔贾玛清真寺，图片来源：汪永平摄

图 5–42　江布尔拉尔 · 达瓦扎清真寺，图片来源：John A. and Caroline Williams 拍摄

图 5–43　江布尔夏希大桥，图片来源：汪永平摄

图 5–44　江布尔城堡东门，图片来源：汪永平摄

图 5–45　法塔赫布尔 · 西克里卫星图，图片来源：王杰忞根据谷歌地球资料绘

图 5–46　法塔赫布尔 · 西克里的阿格拉门，图片来源：王杰忞摄

第六章　印度伊斯兰时期建筑类型及实例分析

图 6–1　英多拉宫殿，图片来源：汪永平摄

图 6–2　英多拉宫殿平面图，图片来源：维基百科

图 6–3　库沙宫殿内部，图片来源：The New Cambridge History of India，Volume 1, Part 7 第 26 页

图 6–4　道拉塔巴德城堡平面图，图片来源：The New Cambridge History of India，Volume 1, Part 7 第 24 页

图 6–5　道拉塔巴德城堡第二部分的城门，图片来源：Vladimir Shkondin 拍摄

图 6-30　公众会见大厅，图片来源：Ijaz Ahmad Mughal 拍摄

图 6-31　阿姆吉瑞门，图片来源：Takeshi 拍摄

图 6-32　珍珠清真寺内部，图片来源：维基百科

图 6-33　佘西宫殿立面，图片来源：维基百科

图 6-34　佘西宫殿内部，图片来源：Samina Qureshi 拍摄

图 6-35　纳乌拉克哈凉亭，图片来源：维基百科

图 6-36　拉合尔城堡精美的艺术墙，图片来源：Samina Qureshi 拍摄

图 6-37　阿格拉城堡平面图，图片来源：http://www.kamit.jp/02_unesco/13_agra/agr_eng.htm

图 6-38　阿格拉城堡德里门，图片来源：汪永平摄

图 6-39　阿格拉城堡珍珠清真寺，图片来源：Bourne 拍摄

图 6-40　阿格拉城堡公众会见大厅，图片来源：汪永平摄

图 6-41　阿格拉城堡八角塔，图片来源：汪永平摄

图 6-42　德里红堡平面图，图片来源：Scanned by FWP from CU library copy, May 2006

图 6-43　红堡拉合尔门，图片来源：王杰忞摄

图 6-44　红堡鼓乐厅，图片来源：王杰忞摄

图 6-45　红堡公众会见大厅，图片来源：王杰忞摄

图 6-46　公众会见大厅的中央高台，图片来源：王杰忞摄

图 6-47　红堡私人会客大厅，图片来源：王杰忞摄

图 6-48　红堡珍珠清真寺，图片来源：维基百科

图 6-49　果阿邦纳马扎尬清真寺，图片来源：http://www.akg-images.co.uk/

图 6-50　库瓦特·乌尔·伊斯兰清真寺平面图，图片来源：根据《世界建筑史丛书——伊斯兰建筑》第 139 页王杰忞绘

图 6-51　广场中心铁柱，图片来源：沈丹、汪永平摄

图 6-52　砂岩屏墙，图片来源：汪永平摄

图 6-53　库特卜高塔，图片来源：汪永平摄

图 6-54　阿塔拉清真寺平面图，图片来源：http://www.oberlin.edu/images/art234/PreM.html

图 6-55　阿塔拉清真寺礼拜殿，图片来源：维基百科

图 6-56　阿塔拉清真寺西侧沿街立面，图片来源：谷歌搜索

图 6-57　曼都贾玛清真寺平面图，图片来源：

图 6–83　胡马雍陵花园的水渠节点，图片来源：王杰忞摄

图 6–84　胡马雍陵主体平面图，图片来源：
http://www.oberlin.edu/images/art234/Mrel.html

图 6–85　胡马雍陵主体剖面图，图片来源：Aga Khan Historic Cities Programme

图 6–86　胡马雍陵主体立面，图片来源：王杰忞摄

图 6–87　阿克巴陵南大门立面，图片来源：汪永平摄

图 6–88　阿克巴陵墙体彩色镶嵌装饰，图片来源：汪永平摄

图 6–89　阿克巴陵主体平面图，图片来源：谷歌搜索

图 6–90　阿克巴陵主体立面，图片来源：汪永平摄

图 6–91　阿克巴陵主体剖面图，图片来源：谷歌搜索

图 6–92　伊蒂默德・乌德・道拉陵卫星图，图片来源：根据谷歌地球资料

图 6–93　伊蒂默德・乌德・道拉陵东大门立面，图片来源：维基百科

图 6–94　伊蒂默德・乌德・道拉陵主体平面图，图片来源：谷歌搜索

图 6–95　伊蒂默德・乌德・道拉陵主体立面，图片来源：维基百科

图 6–96　伊蒂默德・乌德・道拉陵主体墙面装饰细部，图片来源：维基百科

图 6–97　泰姬・玛哈尔陵主体，图片来源：汪永平摄

图 6–98　黑白泰姬・玛哈尔陵假想图，图片来源：《泰姬陵》第 69 页

图 6–99　泰姬・玛哈尔陵平面图，图片来源：《天竺建筑行纪》第 220 页

图 6–100　泰姬・玛哈尔陵前厅北大门，图片来源：作者自摄

图 6–101　泰姬・玛哈尔陵主体平面图，图片来源：A Global History of Architecture 第 509 页

图 6–102　八乐园平面布局模式分析图，图片来源：A Global History of Architecture 第 509 页

图 6–103　泰姬・玛哈尔陵主体剖面图，图片来源：A Global History of Architecture 第 509 页

图 6–104　泰姬・玛哈尔陵主体穹顶细部，图片来源：维基百科

图 6–105　泰姬・玛哈尔陵主立面分析图，图片来源：《天竺建筑行纪》第 221 页

图 6–106　达达・哈里尔阶梯井，图片来源：王杰忞摄

图 6–107　达达・哈里尔阶梯井平面、剖面图，图片来源：http://www.allempires.com/

图 6–108　阶梯井内的旋转楼梯，图片来源：王杰忞摄

第七章　印度伊斯兰时期建筑的结构与装饰特征

图 7-8　印度拱券形式发展示意图，图片来源：《印度伊斯兰建筑研究》第 96 页

图 7-9　胡马雍陵主体的伊旺，图片来源：王杰忞摄

图 7-10　拉贾斯坦地区的卡垂，图片来源：汪永平摄

图 7-11　迦利制成的栏杆，图片来源：王杰忞摄

图 7-12　印度伊斯兰时期各式迦利的纹样与构成，图片来源：Indian Architecture 第 60 页

图 7-13　萨利姆·奇什蒂陵室内光影效果，图片来源：Jamie Rivero 拍摄

图 7-14　伊斯兰装饰题材中的几何纹样，图片来源：汪永平摄

图 7-15　伊斯兰装饰题材中的植物纹样，图片来源：汪永平摄

图 7-16　伊斯兰装饰题材中的文字纹样，图片来源：沈丹摄

图 7-17　浅浮雕工艺，图片来源：王杰忞摄

图 7-18　透雕工艺，图片来源：王杰忞摄

图 7-19　镶嵌工艺，图片来源：王杰忞摄

图 7-20　绘画工艺，图片来源：The New Cambridge History of India, Volume 1, Part 7 第 141 页

图 7-21　穹顶内部石膏雕刻，图片来源：The New Cambridge History of India, Volume 1, Part 7 第 117 页

图 7-22　镶嵌的地面装饰，图片来源：王杰忞摄

参考文献

中文专著

[1] 王怀德，郭宝华．伊斯兰教史 [M]．银川：宁夏人民出版社，1992.

[2] 萧默．华彩乐章：古代西方与伊斯兰建筑 [M]．北京：机械工业出版社，2007.

[3] 萧默．天竺建筑行纪 [M]．北京：生活·读书·新知三联书店，2007.

[4] 萧默．建筑的意境 [M]．北京：中华书局，2014.

[5] 孙承熙．阿拉伯伊斯兰文化史纲 [M]．北京：昆仑出版社，2001.

[6] 邹德侬，戴路．印度现代建筑 [M]．郑州：河南科学技术出版社，2002.

[7] 王镛．印度美术史话 [M]．北京：人民美术出版社，1999.

[8] 王镛．印度美术 [M]．北京：中国人民大学出版社，2010.

[9] 尚会鹏．印度文化史 [M]．桂林：广西师范大学出版社，2007.

[10] 林太．印度通史 [M]．上海：上海社会科学院出版社，2012.

[11] 邹德侬，戴路．印度现代建筑 [M]．郑州：河南科学技术出版社，2002.

[12] 郭风平，方建斌．中外园林史 [M]．北京：中国建材工业出版社，2005.

[13] 杨滨章．外国园林史 [M]．哈尔滨：东北林业大学出版社，2003.

英文专著

[1] Catherine B Asher. The New Cambridge History of India，Volume 1，Part 4：Architecture of Mughal India[M]. Cambridge：Cambridge University Press，1992.

[2] George Michell, Mark Zebrowski. The New Cambridge History of India, Volume 1, Part 7: Architecture and Art of the Deccan Sultanates[M]. Cambridge：Cambridge University Press，1999.

[3] Andrew Petersen. Dictionary of Islamic Architecture[M]. London：Routledge，1996.

[4] George Michell，John Burton-Page. Indian Islamic Architecture Forms and Typologies，Sites and Monuments[M]. Leiden：Brill Academic Publishers，2008.

[5] Mark M Jarzombek，Vikramaditya Prakash，Francis D K Ching. A Global History of Architecture[M]. 2nd ed. Hoboken：John Wiley & Sons，Inc，2011.

[6] Nalini Thakur. The Seven Cities of Delhi[M]. New Delhi：Aryan Books Interational，2005.

英文译著

[1] [美] 本特利，齐格勒，斯特里兹．简明新全球史 [M]．魏凤莲，译．北京：北京大学出版社，2009.

[2] [美] 斯塔夫里阿诺斯．全球通史（上）[M]．吴象婴，梁赤民，董书慧，等译．北京：北京大学出版社，2006.

[3] [日] 布野修司．亚洲城市建筑史 [M]．胡惠琴，沈瑶，译．北京：中国建筑工业出版社，2010.

[4] [英] 马库斯・海特斯坦，彼得・德利乌斯．伊斯兰：艺术与建筑 [M]．中铁二院工程集团有限责任公司，译．北京：中国铁道出版社，2012.

[5] [美] 约翰・D 霍格．伊斯兰建筑 [M]．杨昌鸣，陈欣欣，凌珀，译．北京：中国建筑工业出版社，1999.

[6] [英] 贾尔斯・提洛森．泰姬陵 [M]．邱春煌，译．北京：清华大学出版社，2012.

[7] [美] 约翰・F 理查兹．新编剑桥印度史：莫卧儿帝国 [M]．王立新，译．昆明：云南人民出版社，2014.

[8] 澳大利亚 LonelyPlanet 公司．印度 [M]．郭翔，等译．北京：中国地图出版社，2014.

[9] [德] 赫尔曼・库尔克，迪特玛尔・罗特蒙特．印度史 [M]．王立新，周红江，译．北京：中国青年出版社，2008.

[10] [英] 迈克尔・伍德．追寻文明的起源 [M]．刘辉耀，译．杭州：浙江大学出版社，2011.

[11] [印] 僧伽厉悦．周末读完印度史 [M]．李燕，张曜，译．上海：上海交通大学出版社，2009.

[12] [美] 查尔斯・莫尔，威廉・米歇尔，威廉・图布尔．看风景 [M]．李斯，译．哈尔滨：北方文艺出版社，2012.

[13] [印] 辛哈，班纳吉．印度通史 [M]．张若达，冯金辛，等译．北京：商务印书馆，1973.

[14] [印]K M 潘尼迦．印度简史 [M]．北京：新世界出版社，2014.

学位论文与期刊

[1] 沈丹．印度伊斯兰建筑研究 [D]．南京：南京工业大学，2013.

[2] [印]P S N Rao，纪雁，沙永杰．印度德里城市规划与发展 [J]．上海城市规划，2014（01）：78-85.

[3] 马荻．光的壁龛——印度迦利的启发 [J]．华中建筑，2008（08）：213-216.

[4] 洪琳燕. 印度传统伊斯兰造园艺术赏析及启示[J]. 北京林业大学学报(社会科学版)，2007（09）：36-40.

网络资源

[1] 维基百科 [EB/OL]．http：//en.wikipedia.org/

[2] 维基媒体 [EB/OL]．http：//commons.wikimedia.org/

[3] 百度百科 [EB/OL]．http：//baike.baidu.com/

[4] 百度搜索 [EB/OL]．http：//www.baidu.com/

[5] 谷歌搜索 [EB/OL]．http：//www.google.com.hk/